Gravel Garden

砾石花园设计

不需浇灌的锦绣花园

[德]伯德·赫尔特勒/著　杨钧　许可/译

长江出版传媒　湖北科学技术出版社

充满魅力又时尚的砾石花园

砾石花园结合了地中海植物与草原植物的双重魅力，是现代花园和自然花园的代表。

砾石花园
成为趋势

石头与植物——这对组合长久以来就吸引着无数园丁。在砾石花园里，二者会按照大自然的模板组成一个时尚的联盟。

我们欣赏那些山中的植物，因为它们可以在最恶劣的条件下，或在几乎完全裸露的岩石上生长。在地中海国家旅行时，我们也会被百里香、薰衣草或银香菊之类的植物表现出来的顽强所鼓舞。它们生长在贫瘠的石灰石中，一边忍耐着炎炎夏日，一边散发出迷人的芬芳。还有很多来自南欧、亚洲以及北美草原的植物，如圆锥石头花、马利筋等。它们也实现了壮举，即在贫瘠缺水的土壤中年复一年地盛放。

这些自然中的植物组合为现代砾石花园提供了榜样。这不仅是布满石头的生活空间与丰富的植物群落之间的结合，对花园的拥有者和设计师也产生了无法抗拒的吸引力。其实，过去由于供水紧张经常会发布禁水令，在当时，砾石花园对于许多花园来说是一项既有环保意义同时又极具吸引力的现代解决方案。

和砾石花园不同，其他欧洲石头花园中培养出的植物多来源于阿尔卑斯山，习惯于充足的水分供给；而砾石花园中的植物则适应了水分稀少，且养料不足的环境。为了满足砾石花园中植物的需求，你既不能多浇水，也不能多施肥。正确的栽培方式是少护理。这样大大节省了工作量、经费和宝贵的水资源。那些又饿又渴的"艺术家"（指花园植物）就能克服更长时间的干旱了。

下页图：一条优雅的小路蜿蜒地穿过砾石花园。人们可以追寻着馥郁的薰衣草、荆芥和南欧丹参的香味一路前行。

下图：朴素而和谐的砾石花园中心有一处休息场所，四周被画眉草（左）、野青茅（中）和长叶刺参（后）围绕着。

容易满足且植被茂盛

完全不用害怕，砾石花园可不是简单的被石头覆盖的贫瘠之地。现在能提供的耐旱植物品种众多，有大量合适的乔木、灌木、宿根植物以及球根植物可用（见第77页）。你可以完全按照个人的爱好来布置你的花园：可以用很少的品种打造出朴素优雅的风格，也可以巧妙地利用不同颜色、造型和质地的植物构成一幅油画般的令人印象深刻的花园景象。

左图：在这个石头花园中最多的是各种各样的大块石片，当它们暴露在外，上面还点缀着一些植物时是那么美丽。

下图：一个典型的日式花园：充满艺术气息，在沙上耙出极其精密的波浪纹，使人想起水面泛起的涟漪。

花园中的石头
创造历史

　　利用石头作为花园的设计元素是一项古老的传统，特别是在亚洲。

　　中国花园的起源可以追溯到公元前，在那时，人们就开始尝试通过一种巧妙的设计，寻求将土地、天空、石头、水、建筑、道路和植物等和谐地融为一体。在这里，于水边或植物旁放置石头本质上是一种设计手段。

　　日式花园喜欢缩小景观的尺寸，将其整个"搬"进自家院子，这样在花园之中就可以与大自然紧密地接触。设计上会有意识地摆放一些巨石作为山峰或山脉，通常将大片的沙砾地面做成水面的模样，沙上耙出的波浪纹让人联想到水面的涟漪。当然，这样设计的代价会很高：完成之后你需要不断地将掉在上面的枝叶细心挑走，并近距离地重新描画那些细细的波浪纹。而且毫无疑问，在这些细节上不允许犯错误。

不仅在亚洲，石头是花园文化的一个重要的组成部分；在欧洲的巴洛克风格花园中，砾石也作为重要的建筑材料而被使用。人们用多种颜色和种类的砾石来营造壮观花坛上精美的装饰图案，令花园外观全年充满魅力。自19世纪末期开始，受到亚洲花园文化和新兴登山运动的影响，石头花园流行开来。这个时期的花园中主要是一些阿尔卑斯山植被，它们在小鹅卵石和岩缝中生存。

砾石在其他现代花园设计中也有使用，例如在许多水景花园中用砾石围绕池塘或者人工建造溪流时用它铺设岸边，以此来打造合适的自然风景。

上图：图中的池塘像一条天然河道或一个人工湖一样，围绕着池塘用砾石铺设河岸。

简单的园艺

在砾石花园中，石材较少作为建筑元素，而是为花园服务，使土地更加贫瘠透水（见第68页）。在干旱地区更容易建造一个砾石花园，相反在多雨地区则更加困难，需要创造合适的条件。当建造成本过高时，可以选择种植一些喜湿的宿根植物，而不是执着地与自然作对。

从砾石花坛到砾石花园

砾石花坛是石头花园的一种特殊形式，在20世纪60年代的花园中十分流行。它不采用废弃的或者加工过的石头，而是填充砾石来种植植物。

在屋前的砾石平地上经常会少量地种上潘帕斯草、南庭芥或偃松。在每种植物之间会出现光秃的地面，只能用砾石来覆盖。当时，安静而单调的砾石地面与生机勃勃的植物之间产生的对比给访客留下了深刻的印象，结果这种设计思想成为主流，环保的观念在那个时代还排在第二位。

这些观念在现代基本转变过来。干旱炎热的夏天、温暖的城市气候和节水的必要性，使得一种新的花园形式出现了。现代的砾石花园中有意识地采用耐旱植物，可以不用额外供水。仅用一些散漫的草或亚灌木，再搭配上宽阔的卵石或砾石地面，就可以用最少的消耗培养出大量不同种类的植物。

上图：在向南的斜坡上建造砾石花园，效果又好，护理又少。火炬花、德国鸢尾和花葱成为色彩的焦点。

下页图：温暖的南墙可以为砾石花园提供优异的条件。薰衣草、针茅和红缬草在这里生长良好。

只有砾石，
做不成砾石花园

不是每种植物和石头的组合都是砾石花园。如果只是因审美的需求将种植区域用砾石覆盖住，或者是在苗床铺上碎石或沙砾，以防止土壤被侵蚀，并限制野草生长。这样的花园也不是砾石花园，只有些许相像。因为这里生长的植物有着较高的水分需求，适应于普通甚至潮湿的花园土壤。这种土壤可以提供充足的养分，尽管被砾石覆盖，但在较长的干旱季节仍然得浇水。

真正的砾石花园

相反，在一个真正的砾石花园里生长的植物是喜光、耐热、耐旱且只需要少量养分供给的品种。因此，砾石花园首先对花园设计来说是一个不错的选择方案，它能适应贫瘠的环境条件。而

砾石花园中的典型植物只需要一份通透性好、"较贫瘠"的土壤和一片温暖、日照强的空间。

如果你家也是雨水缺乏的地区，不需要做太多准备，就可以轻松安置一座砾石花园（见第66页）。

如果住在较为潮湿的地区，可以通过明智的位置选择来实现一座砾石花园，或至少一座砾石花坛：往往南墙或西南墙前的空间就是一个很好的选择，通过墙面的反射可以使这里既温暖又干燥。也可以在一所房子完工后，将松散的建筑材料回填到施工时留下的坑中，下雨时此处的雨水就可以迅速渗透。如果土壤太过肥沃，也可以通过一些消耗使其逐渐贫瘠，好适应砾石花坛中的植物（见第67页）。同样，向南或西南的斜坡也可为砾石花园提供良好的条件。强烈的日照、温暖的气候和土壤良好的渗透性为灌木、宿根植物以及球根植物的茂盛生长提供了最好的条件。有些地区满足砾石花园的所有优点：这里的植物在炎热的天气下既不必浇水，也不用施肥；而且在这样的条件下，这里的野草也比其他水分和养料供给充足的地区要少一些。

在多雨的地区，你不能把砾石花园建在潮湿或阴暗的地方。过高的湿度，特别是冬季潮湿，是适应温暖生长环境植物的最大敌人。此外，如果雨水不能快速充分地排走，植物根部就会腐烂，从而导致植株枯萎。

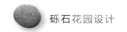

左图：感谢黄色的石料给空间带来温暖的感觉，突起的植物吸引了人们的视线。

右图：砾石小路像一条蜿蜒流淌的小溪穿过花丛，花床上的植物向路中延伸，形成一幅生机勃勃的自然画面。

砾石在花园中都能做什么

　　几乎所有类型的花园中都会用到卵石、碎石或砾石，以此来实现各种功能，比如用其铺设路面，可以作为覆盖层，保护土壤不会流失。除了石板之外，所有这些石头材料都很容易处理。无论是狭窄的急转弯，还是平缓的弯路，都不用费太大力气就能成形，可用于打造天然、有机的花园路径。当然，卵石、碎石和砾石在行走舒适性上还是有所区别的：卵石由于是圆形的，彼此之间会有空隙，行走时立足点较少，稳定性不够；而碎石和砾石间有摩擦，在这些路面上行走时会让人感觉更省力、舒适。石路要想保持形状，必须有一个稳固且透水性好的路基，例如用矿石混凝土压缩成的地层。

　　通常情况下，一条这样的路两旁会用一排花岗岩或其他石材围住，或者使用其他镶嵌的方式固定砾石。这样可以将石料保持在路径的位置上，并且防止路面和周边土壤随着时间流逝混在一起。

　　在砾石花园里要根据不同石料的特点有针对性地使用，这样也有利于实现从路径到花床之间流畅的过渡。

　　路径、地面和花床彼此联系，形成一个和谐的整体。有时砾石花园中的一些小型植物会进入路

左图：这条简单的砾石路分开了长凳和种植区，并与后面的墙形成有趣的对比。

右图：这种考夫曼郁金香可以轻松地突破保护用的砾石覆盖层。

径自播发芽，形成一幅生机勃勃的自然画面。重要的是，要注意保持路径行走的方便，让观赏者不会踩踏到空间里丰富的植物幼苗。

美观与实用：砾石覆盖层

为了抑制野草的生长，经常会将树皮覆盖在花床上。这种覆盖层在砾石花园中却很少有效果并且会延缓排水。在砾石花园中，你虽然也可保留这种树皮覆盖层，但推荐使用各种砾石材料作为它的替代品。有不同的颜色、形状和大小的砾石材料可供选择（见第16、17页），但要注意避免出现杂乱无章的场面，还要保证石料与花叶的颜色相互协调。一层砾石覆盖层不仅能够抑制野草生长，还有很多其他优点：这种材料有利于排水，能在雨后迅速使土壤表面变干。同时，这种砾石覆盖层作为保护层，还可让地下土壤保持清爽湿润，这对植物很有利。下雨后你还可以更早地进入花园，不用担心地面踩出坑洼。最后要强调的是砾石层是一种美学元素，是砾石花园的特征。

左图：开浅色花的宿根植物与地面上深色的页岩碎石一起构成了鲜明的对比。

右图：在这种地中海式砾石花园中，为了将道路和种植区彼此分开，采用了不同的色彩和大小的砾石。

砾石：
不只是一个外观的问题

在一个砾石花园中，植被通常不会完全覆盖住土壤而不留缝隙，特别是从晚秋到第二年春天，地表又会露出来重回大家的视野。因此，岩石材料对砾石花园的外观有着决定性的影响。我们要明智地挑选卵石、碎石、沙砾的类型，但外观只是其中一个选择标准。

另一个需要考虑的是成本。也许有这种可能性，你看中的外观漂亮的卵石或沙砾正好可以从附近的一家采石场获得。这不仅节省了交通成本，还具有环保价值。一般地区很少会有岩石公司，只能求助于当地的建筑材料商。岩石类型多种多样，选择范围极其广泛：从深灰色的页岩到灰白色的石灰岩，从有无数赭色色调的砂岩到被染成火红色的斑岩变种。

除了天然石头之外，还有砖块等回收材料，或者泥板岩等工业用料可供选择。然而，其中有一些具有强烈色彩的石材，与植物搭配时会形成不和谐的色彩效果。比如，老房子的屋顶和破碎的墙上的砖块是朱红色，与红缬草或者岩生肥皂草的粉红色调搭配就不太美观。

同样，红色熔岩沙砾、绿色微光石英石与植物搭配也需要有色彩把控力。灰色和其他浅色调的沙石不会出现冷淡的效果，可以和大量植物进行组合。深黑色和闪耀的白色砾石不容易低调，反而会在植物中突显出来。

对植物的影响

砾石的颜色和种类也会影响植物的生长。比如，深色的材料要比浅色的更容易吸光从而发热。你可以充分利用这点，将环境改善为植物生长的最理想条件。深色材料夜里会散发出热量，可以为喜暖的植物营造舒适的小气候。相反，浅色材料因为会反光，所以吸热力不强，夜晚散发的热量更少。

如果你把石料只作为覆盖层使用（见第15页），它与土壤之间几乎没有什么反应。但如果在建造砾石花园前，你要利用石材对土地进行整理（见第68页），石材的选择对植物生长的影响就要大得多了。绝大多数砾石花园中的植物来自有石灰质土壤的地区，它们喜欢中性至碱性的土质（pH值6.5~8）。对这样的植物来说，主要成分为石灰岩的卵石或砾石是最合适的。对生活在酸性土壤中的植物种类，如箭叶染料木（*Genista sagittalis*）或者洋剪秋罗（*Lychnis viscaria*），你最好选择花岗岩或片麻岩等石材。

左图：开蓝色花朵的亚麻与色彩缤纷的砾石组成了一种迷人的搭配。人们可以谨慎地尝试一些喜爱的组合，使其成为视觉的中心。

右图：像许多砾石花园中的植物一样，石灰性土壤上的长叶刺参、刺芹、针茅和花葱生机勃勃。

砾石花园的设计与布置

无论是清晰简洁的轮廓还是波动起伏的繁华，是花床上的轻柔和弦还是色彩的激烈碰撞：这些精心的设计使砾石花园之梦成真！

定制
砾石花园

无论是隐蔽私密还是广阔开放，简洁优雅还是繁华梦幻，地中海式的砾石花坛抑或繁花盛开的辽阔原野，一切皆可按照你的需求，打造属于个人的砾石花园！

没有一个花园是与其他花园一模一样的，因为每个花园主人的想法和需求都不一样。有一些花园是开放式的，另一些则用一人多高的篱笆与外界隔开；有一些花园需要精心种植培养，另一些则不用花太多心思就建成了。砾石花园的设计规则基本上与其他花园相同。因此，要想成功地建造一个砾石花园，应该做一些基本的前期思考。

整个花园或只是花坛？区域分割或一眼看透？

你是打算把自家的整个花园都设计成砾石花园，还是只分割出一个区域进行打造？这个问题的答案首先关系到你家花园的整体面积和位置安排。砾石花园中的植物都需要光和热量，所以要认真考虑哪里的光照条件好（见第12页），荫蔽或半荫蔽的区域从一开始就要被排除掉。

接下来你要思考，怎样让你的砾石花园可以最好地适应周围的环境。基本上有两种截然不同的方法：一种是建造一个开放、广阔的砾石花园，把周边环境也考虑进来；另一种是将花园与周围环境隔离。第一种方法可以使砾石花园拥有开放风景地区的美丽风光。郊区能为这种设计思路提供最好的先天条件。良好的邻里关系和精心设计过的邻家花园也为这种开放的设计提供了保证。

但是你要权衡，这种方法使得你家花园会被外人轻易看到里面。在被人频繁打扰的情况下，你很有可能放弃开放花园，并把花园与外界隔离起来。为此，有时你可以巧妙地利用一下现成的围墙或篱笆。围墙的另一好处就是可以改善小气候，因为它可以存储热量，为那些比较脆弱或不能完全耐寒的砾石花园植物创造有利的生长条件。

如果花园面积较小，则适合建造封闭的砾石花园，这样地形的缺口就可以用墙围起来。

上图：特意把遥远的风景都考虑在内的开放式花园，里面的道路仿佛河流一样流向远方。

围墙的保护和环境的划分，形成了封闭的花园空间。这样的设计即使在狭小的城市花园中也可以实现。

左图：在被保护的空间甚至连不耐寒的橙花糙苏这样的亚灌木都可以生长茂盛。毛蕊花和条纹庭菖蒲形成很好的对照。

下图：墙面和地面白天存储的热量晚上会释放出来，这对很多植物有益。在这里，东方鸢尾和火炬花就在围墙下生长得很好。

砾石花园中可设置干墙，在墙角处可以种植石膏肥皂草或野生肥皂草，以及其他宿根植物。这样不仅视觉上好看，而且能为很多动物提供生活的空间：在这里生活着大量的蜥蜴和昆虫。

用一些乔木和松散的灌木组围住砾石花园通常已经足够了。但要小心：这样它们所在位置的环境条件会被相邻的植物所改变。乔木和灌木越高大，关于养料、水分、光照的竞争也就越大。因此，在乔木和灌木之间的过渡区，即整体花园与砾石花园的边界处可以栽种一些宿根植物。它们在树下可以茂盛地繁育，非常适合砾石花园。这些宿根植物有大量的品种可供选择（见第94页）。

将砾石花园的场地
融入花园中

如果你只想把花园中的一小部分设计成砾石花园，要么把一块已建好的区域重新改造，要么为其创造一个单独的空间。这样的场地面积不能太小，还要有相应的规格，最好符合所谓的黄金分割比例。有些平面的比例会让人感到舒服，是因为它的长度约是其宽度的1.5倍。

一个这样的砾石花园场地虽然被围起来了，但其边界却不必太高大和坚固，这样可以建立一个舒适的世外桃源。为了将场地与周边相邻的风光分离出来，有时齐腰高的边界线就已经足够。如果你只计划做一个砾石花坛，将其直接置于你家房屋的南面或西南面就很好。

下图：围墙和郁郁葱葱的栅栏把花园围了起来，砾石地面让空间显得更加空旷。

自然
观察

通过对植物的精心选择，可以让砾石花园吸引到蝴蝶等动物。如孔雀蝶和红蛱蝶不仅会在大叶醉鱼草中飞舞，黑心金光菊、叶苞紫菀和景天也都是其渴求的食物来源。小豆长喙天蛾喜欢成群结队地围着红缬草盘旋。而蜜蜂、大黄蜂和浮蝇则津津有味地享用着牛至、百里香、薰衣草、荆芥或新风轮等植物。

变化的界线

假如你想要一个宏伟、广阔的砾石花园，可以这样设计：先将花园的一部分建成砾石花园，再从它的边缘一步一步地自然扩展到相邻的花园区域。需要衔接好不同主题的植物世界。无论如何，你要避免有柔和灰色调的耐旱品种与茂密生长的绿色植被之间的突然转换，同时谨慎选择过渡地段的植物，可以尝试一下将砾石花园中不同高度的宿根植物与边界处的树木揉在一起栽培。同样，从砾石花园干燥地带到湿润的花园区域的转化也需要小心地进行，逐渐将适合新环境的植物加入到砾石花园的边缘处来。为接合处准备的植物，不仅要适应干旱环境，也要能接受有些湿润的土壤，这样才能把两边衔接起来，让花园呈现一个自然的面貌。

高和低，湿和干：山坡
上的砾石花园

通常，阳光照射的斜坡对砾石花园来说是非常适合的场所。在通往谷底的地方栽种适合新土壤的植物，就可以将这里设计成一幅迷人的花园画面。如果面积足够大的话，甚至还可以在地势最低的地方安置一个池塘，营造出完全自然的效果。

上图：开团状橘红色花的马利筋与旁边开黄色花的黑心金光菊一样，都来自北美大草原。

来自四面八方：植物的故乡

花园中绝大部分植物都来自拥有相似气候的地区，像我们熟悉的来自欧洲中部的那些品种。在我们的花园中，欧洲植物的周围还可以找到许多来自西亚或东亚，以及北美的"客人"。而砾石花园中的大部分植物也同样来自中欧地区，只不过是一些更干燥的区域。这些植物简直天生就是能够安全度过漫长的干旱季节的。

来自东边的客人

在欧洲东南部有一望无际的平原和广阔的草原，例如匈牙利大草原，它是许多砾石花园中植物的家乡。我们在黑海或者中亚地区也会碰到相似的植物圈。这些草原所在地因为远离所有大洋，所以形成了长久不断的夏季干旱气候。树木和较高的灌木根本不能在这里生存，只有众多草类、低矮的亚灌木、耐旱的宿根植物以及一批球根植物才会在这里生存、定居。许多迷人的花园植物，如圆锥石头花、西格尔大戟、鞑靼驼舌草和各种针茅，都来自欧洲东南部和亚洲的草原。它们在砾石花园中不需要额外供水，便能很好地生长。

来自北美大草原的客人

北美大草原也基本都有与欧洲草原类似的生长环境。落基山脉的雨影区（山脉少雨的一侧）坐落着矮草草原，那里容纳了许多低矮的抗旱性强的草种，如格兰马草，还有耐寒的仙人掌，如修罗团扇，以及红花球葵（*Sphaeralcea coccinea*）或罂粟葵（*Callirhoe involucrata*）等宿根植物。向东往大西洋方向的降水明显增多。在混合草原和高草草原上茂密生长着甘松茅（*Nardus stricta*）和柳枝稷等高大草种，它们在花园中就意味着对水的高需求。

来自地中海的客人

一大批典型的砾石花园植物来自地中海地区。在植被稀疏、荒芜的地表上，生长着灌木丛（法语：Garigues），其中一些亚灌木如薰衣草、银香菊或百里香等非常耐旱。

在炎热的夏季，空气中都弥漫着它们散发出来的迷人芳香。我们在南方干旱、炎热、日照强的地区也总是能碰上大量宿根植物，如红缬草或岩生肥皂草等。还有许多来自地中海的亚灌木和草类植物，其中大部分在砾石花园中都能越冬，因此可作为地中海式砾石花园的优秀候补植物。

欧洲代表

大量源自欧洲中部的品种甚至可以让一个人造的砾石花园完全像自然形成的花园一样。而且它们真的无须躲藏在其"异国亲戚"之后：有着迷人外形的侧金盏花、欧白头翁，春季开花的百里香、叶苞紫菀或者毛蕊花等，不仅作为花蜜供应者对动物有着很高的吸引力，而且还能忍受干旱和贫瘠的土壤。这些植物都来自一种特殊的生长环境，即干旱且贫瘠的草地。它们生活在表层浅、缺水的土壤中，通常是中等山脉朝南或西南方向的斜坡上，如德国的施瓦本汝拉山或者凯泽斯图尔山区。

共聚一堂

根据植物的家乡将其在花园中进行分组安置是一件很有意思的事情。尽管它们来自不同的地区，但这并不重要，在花园中它们最终都被赋予平等的资格。你也可以将这些来自亚洲草原、北美大草原、地中海或者本地的植物随心所欲地进行组合搭配。

右图：砾石花园可以把地中海地区的特色植物带到你的花园中来：鼠尾草、百里香、薰衣草和银香菊的家乡虽然是地中海地区，但在我们这里（译者注：指德国）也可以生长得很好。只有橄榄树你不得不放弃。

上图：像细茎针茅、马其顿川续断或滨藜叶分药花这类细长如丝般的植物赋予了砾石花园空气般的轻盈感，简直就像是一幅水彩画。

下页图：在砾石花园中不同品种的银香菊等亚灌木与富有表现力的刺芹都有着充满个性的形态，彼此相得益彰。

有性格的植物

砾石花园有一种完全与众不同的魅力，它和其他的花园类型有着明显的区别：宿根植物青蓝色或银灰色的叶子与草类植物细长的茎秆赋予了砾石花园独特的外表。丰满、展开的叶子在这里却很少见。砾石花园给人以柔和美丽的印象，它通常是轻盈和芬芳的，以柔和的线条和优雅的形态为主。

这并不是巧合。这些植物品种和整个植物生态的外观都是超过千年发展进化的结果。这表现在植物对所在地区的适应上。

植物在空间、水分、养料和光照等各项资源的竞争中发展出不同的生存策略，在这个进程里形成形式各异的植物形态，并有着典型的特征。谁能够正确地表现出来，谁就能在当地优先生长。例如森林中的植物就往往具有鲜嫩多汁的绿叶。石头花园里的植物生长得尤其矮壮结实，而水滩沼泽里的植物则往往较为高大，且极为茂密。

砾石花园中的植物都是来自干旱地区的，在恶劣的条件下，用水必须节省。为了适应缺水的情况，这些植物形成了一些聪明的机制。

防止蒸发

许多来自地中海地区或者草原的植物都有一个典型的特征或标志，就是具有银光质感的钝绿色或淡青色的叶子。绵毛水苏就是其中给人留下特别深刻印象的一种。它浅色调的叶子上布满浓密的茸毛。其他物种如欧洲异燕麦或蓝羊茅等则在叶子表层有一层蜡质。无论是茸毛还是蜡质，都能够有效地防止水分蒸发，植物用来从空气中摄取二氧化碳并释放水蒸气的气孔会被密集的茸毛或蜡质遮挡。同时，浅色的茸毛或蜡质又会把光反射出去，从

左图：银香菊最为适合干热气候。其浅色的小叶子既能反光，又能防止过热，只有很少的水分蒸发。

下图：独尾草在开花季节叶子就变黄了，它早早地落叶是为了经受住夏季的炎热和土壤的干旱。

而保证叶面温度不会升得太高。

但不是所有的砾石花园中的植物都是浅色的。例如地中海荚蒾、迷迭香和丝兰就是鲜艳的绿色叶子，它们会通过一种精巧而复杂的叶子结构来阻止过快的水分流失。像梨果仙人掌、景天或日中花等所谓的多肉植物能用特殊的细胞组织来长时间储水，它们的典型特征就是极其肥厚多肉的叶子了。

空气保护

其他品种则形成了一种气候装置。在炎热的日子里，许多芬芳植物如薰衣草、银香菊或白鲜会分泌一种好闻的油脂，以此来为叶子表面降温。这种芳香油脂比水挥发得更慢，是一种有效的节水措施。对我们来说它还有额外的好处：炎热的日子里，这种植物在砾石花园中会散发出阵阵扑鼻的香气。

冷漠的美丽

还有些植物通过缩小自己叶片的面积来减少水分的蒸发。有的为了防止被饥饿的动物吃掉，甚至额外长出了刺。这组植物中适合砾石花园的代表有大翅蓟、无茎刺苞菊、长叶刺参、刺芹和硬叶蓝刺头，它们稀奇古怪的形状和外表会占据视野的中心，并赋予砾石花园一副自然的风貌。除此之外，许多植物拥有在地下扎得很深的根系，可以在极深的土壤层中吸水，从而应对水供给不足的情况。

同样，像西洋蓍草、圆锥石头花或紫花石竹等宿根植物也拥有细长或重锯齿状的叶片。还有大量草本植物，如羊茅、芸香和针茅等，不仅具有极窄的叶片，而且在干旱时还会卷起来以减少蒸发面积。

上图：圆头大花葱和硕大刺芹是能够忍耐干旱和炎热的迷人一对。前者是因为其美丽的圆头花序而受人喜爱，后者则有着优雅的灰色叶子和银色花朵。

短暂的访客

在乔木、灌木、宿根植物和草本植物之间，还有在春天和初夏才会绽放光彩的球根植物。到了炎夏时节，这类植物会完全藏在土壤里，这样就可以避开干旱和酷暑的危害了。独尾草和葱类到开花季节就已经开始落叶；郁金香、鸢尾等的叶子花期后会持续一段时间才凋落。第二年，它们还会再次发芽，到了新的花期时又是花团锦簇。

还有另外一种确保种族生存的策略，追随者包括天蓝牛舌草、红缬草和毛蕊花等。这些都是所谓的追求刹那芳华的植物，可以很快到达开花盛极之日，但是寿命却很短，甚至只要经历过一次花满枝头，就会枯萎死亡。这些植物都是"流浪者"，一会儿在这里出现一大片幼苗，一会儿又在那里现身。所以在砾石花园中这些植物适合担当一个特殊的角色，因为当其在不同地方自发出现时，就会给你带来意外的惊喜。

砾石花园的风格

你想要什么样的砾石花园？自然原始的还是稍加修饰过的？物种繁华的还是克制挑选的？只有充足的植物选择，才能有无限的可能性，来赋予你的砾石花园不同的面貌。没有什么窍门或妙方，你必须事先花费大量时间，对你的砾石花园进行认真、仔细地规划。当植物茂盛地生长且最终的结果与你的需求相符时，就说明你的花园设计成功了。你的要求不能设置得太低，而且当你不能独自完成时，可以找一位优秀的景观设计师来帮忙。除了基本需求之外，哪种设计元素最适合你，取决于你家的房屋风格、环境，以及你家花园或者花园中砾石花园的面积。虽然一个砾石花园不需要太多的养护，但你在规划时要考虑，是否能或愿意承受之后必要的养护工作（见第72页）。

下图：一个琳琅满目的砾石花园。低矮的宿根植物丛与其他高大的宿根植物以及细长的草本植物交替分布，显示出花园生机勃勃、充满活力的多样性。

和谐还是对立

基本上有两种可能性供你选择：要么让房屋和花园协调地站在一起，要么让二者处于一种迷人的对立关系之中。按照房屋的风格你可以通过一种规则式或者自由式的设计来分别实现。

规则式设计中，植物一排排或一列列地以有序的方式进行布置。对于那些用钢铁和玻璃制成的现代建筑风格来说这是一个合适的设计方案。

比如说，将规整修剪过的薰衣草丛和屈曲花排列整齐，或者将草丛以均匀距离种植以符合建筑物的线条感并延伸至花园中。在理想状态下，可将花园空间的基本形状和显著的砾石平面也做成基本的几何图形，这样就能形成一幅和谐的整体画面了。

但是将一座简洁的建筑物搭配上以自由随意风格布置的植物，有时也充满了魅力（见第32～35页）。在这里，建筑物的规整性和植物不受约束的活力之间的对比形成一种张力。一组自由生长的草甸式植物，甚至可能从你家的玻璃幕墙上映射出来，它们可以调节距离，而且看上去能够缓和家居建筑生硬的线条感。这种设计方式适合于空间广阔的砾石花园。在小一些的花园里你可以通过调节秩序和节奏（见第40～43页）、色彩（见第44～53页）、造型（见第54～57页）来实现更佳的结构布局。此外，一个封闭的花园空间让你可以在有限的平地上有规律地种上合适的植物。

在田园地区不适合使用严格的规则式设计，它很难与环境相统一。为了保存乡村的风格特征，这也是它的一个优势，决定采用自由的设计和让植物以松散的形式安置。

节制还是繁华

无论你决定采用自由的设计还是规则的设计都无所谓：你事前要考虑清楚，是想要一个品种繁多的砾石花园，还是更喜欢一个植物很少，但与各种砾石地面搭配形成变化的花园。如果你决定采用后一种选择，就不能随意而必须精心地放置所选的植物。你要选择外观特征明显的植物，如丝兰、鸢尾或充满个性的蓟属植物，它们可以凭借与众不同的形态结构吸引眼球。你要以克制的形式来中和这些令人兴奋的植物特征，通过封闭和平整的空间来达到安静的效果。你要时时刻刻注意在生命周期内不断变化的植物与石材之间形成的动与静的对比。

还有一点对缩减的种植格外重要：你要避免种植区域和非种植区域的面积一样大。只有这样才能以有限的植物形成有趣且壮观的花园布景。这样的花园才会充满张力，不会显得太无聊。

作为生活空间的花园

你在做砾石花园规划时不要忘记：在理想状态下，花园不仅是一座房屋的延续，也是一个户外的生活空间。例如你可以精心布置通向房屋的砾石花床，这样从客厅出发就能体验你的花园了。而且如果想让花园作为夏季的生活空间，可以将适合花园风格的座椅和休息场所纳入计划之中。在这里你几乎可以平视你的砾石花园，享受植物世界的氛围。

上图：在有意识的精简下，丝兰和砾石以及其他结实的"邻居"之间形成强烈的对比。

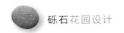

自由设计：轻松无拘束

在花园里，自由或不规则地安排植物会呈现出一幅松散的、类似于自然环境的画面。首先，在植物较少而石材是主流的砾石花园中，推荐使用这种自由的设计。需要注意的是，你要把少量的植物搭配放置在不同的花床上，只有这样才能形成一种张力十足的景象（见第33页）。但是在植物丰富的花园中，自由设计也是经常被采用的方式。

自由也要有序

只有那些拥有丰富经验和技能的人，才能在自由设计时直接上手塑造出和谐的花园景观。当你想亲自动手打造花园时，不能随意和盲目地分配那些不规则种植的植物，而是要对自由设计方式进行深入的思考和富有前瞻性的规划。否则，就可能会出现一种随机的缺乏吸引力的混乱，虽然大部分是五彩缤纷的。然而，我们的目标是，通过对主要的迷人植物进行专门、合理的布置和有规律的重复，使花园的布局更加清晰，最终形成生机勃勃的充满乐趣的花园景象。

有意义的高度分级

当你挑选植物时，一定要选择不同高度的品种，并且精心地进行布置。如果花床只能从一面去看的话，显而易见，越高的植物越应该放到花坛的后面。相反，如果人们可以从多角度观察花床的话，高大的植物最好安置在中央，绝不能放在前面。

倡导使用过渡植物

你可以选择特别迷人的植物代表，如心叶两节荠（*Crambe cordifolia*）或者柔软丝兰（*Yucca filamentosa*）这类外形美丽的灌木或者与众不同的宿根植物，作为过渡植物。在花床中，它们在一定程度上充当了感叹号的作用。如果有更大的面积可以种植一些稀疏却非常显眼的树木，它们有很好的功能，而且与宿根植物相比也有其长处，就是可以全年存在。但是要注意，过渡植物不能布置在中央，而是应种植在过渡区，用来区分不同面积的区域。你还可以通过其他方式来布置：在房前的平台、座位或者蜿蜒的通道等区域使用过渡植物会有更突出的效果。

上图： 在这里，松果菊、美国薄荷等草原多年生植物搭配在一起，形成一派生机勃勃的花园景象，几乎像在野外自然生长的一样。

下页图： 鸢尾和西班牙薰衣草不规则和松散的布置赋予花园轻松和优雅的氛围。

另一项准备工作：草原植物和植物带

草原景观以其视野的辽阔和花草在风中摇曳的优雅给人留下了深刻的印象，特别是夏季的花海会令我们深深地为之着迷。自然界中的草类植物不用考虑高度的差异。如果你想将多种多样的宿根植物和草类植物搭配在一起的话，会发现它们的生长高度都差不多。这些植物不仅自身非常安静，还能让砾石花园显得更加空旷。当然，它们首先更适合空间足够大的花园。当你考虑想要这样一个五彩的草原花海的时候，你就会看到这些植物品种一再出现，它们在花期可以塑造出整个草原。在这里，各式各样的植物有着完全不同的结构、纹理和色彩，通过类似的设计就能够彼此交融，形成一幅和谐统一、近看又不乏张力的花园画面。

在这样的设计下，单株植物的轮廓从远距离观看常常会逐渐模糊成一个混乱的景象。为了避免出现这种情况，推荐最好将植物依次布置成带状。这样做能形成过渡，使更多植物按品种编组在一起。不同大小和形状的植物会让这些植物带显得不那么机械、死板。

通常还有一个优点就是：你可将几株更高一些的草类植物放在不同植物品种之间的衔接处，通过这种方式能形成各种植物组之间的流畅过渡。

一种简单的操作：经过验证的混合植物

如果你想要避免过多的花费，或者你关于园艺的经验十分有限，那么最好采用成熟的植物配置方案。那些经过验证的混栽方案可以取一些如"银色之夏""鲜花波浪"或"紫色草原"之类的名字，它们都非常适合砾石花园。你只需要知道种植区域内各品种面积的分配和合适的植物数量，以及种植方法即可。当有了更多经验之后，你可能更愿意实现自己的独特创意。

草丛交响曲

　　几十年来，花园景观中草类植物的种类和数量都在不断增长。首先可能有些出乎人们意料的是，这些柔弱的植物界代表并不是靠着华丽的花朵装饰，而是凭借其颜色相当克制的花序和果序来吸引大众的关注。但是它们还有其他的长处：它们的茎叶各式各样且十分优雅，其装饰效果过了秋天仍然存在，作为观赏草也是砾石花园中所需要的植物。草类植物优于周围其他植物的地方在于，它们最适合作为道路两旁的植物引导人们通过，并且可以赋予植被以节奏。

　　在这里展现了一大片植物中的一个局部，其中杂交拂子茅'卡尔·福斯特'十分有特色，一眼就会被认出来。这种会提前离场的草在6月就已经开花了。它的花序向上直立生长，紧密地依附于茎秆之上，形成一幅笔直生长的景象。因为其耸立的显著特征，杂交拂子茅可以用来划分区域。这对自由风格的设计来说很重要，因为在这种设计中，各种植物安排在一起经常会显得格格不入，花丛之间的距离都是不规则的。如果在植物群的其他位置（右图之外的地方）出现更多株杂交拂子茅，整个花园就会呈现出统一的面貌。当然，在设计你的砾石花园时，也可以使用其他高大的草类植物，如巨针茅（*Stipa gigantea*）。对于面积小的

种植规划

种植面积 5米 × 3米

植物清单

1 杂交拂子茅'卡尔·福斯特' × 3
  （*Calamagrostis × acutiflora* 'Karl Foerster'）

2 芦草状针茅 × 2
  （*Stipa calamagrostis*）

3 密穗蓼 × 18
  （*Persicaria affinis* 'Donald Lowndes'）

4 分药花'蓝塔' × 2
  （*Perovskia* 'Blue Spire'）

5 金露梅 × 1
  （*Potentilla fruticosa*）

6 红缬草'猩红' × 5
  （*Centranthus ruber* 'Coccineus'）

7 麻兰'神奇红' × 1
  （*Phormium* 'Amazing Red'）

8 阔叶补血草 × 3
  （*Limonium latifolium*）

花床则适合布置一些其他草类植物，如昆明羊茅（*Festuca mairei*）、欧洲异燕麦（*Helictotrichon sempervirens*），或者杂交拂子茅的好搭档——芦草状针茅。这些变种植物可以承担起引路的功能，但是它们必须在株高上超过其他同伴才行。

细长和圆形

在图示的例子中存在一些对立关系，特别是这些植物具有不同的生长特性。例如杂交拂子茅紧密直立的外观就可以有意地搭配一些具有圆形轮廓的植物，适合的有金露梅（*Potentilla fruticosa*）、芦草状针茅和分药花'蓝塔'。它们混搭的时候在形式上会形成一种非常舒服的对比，因此成为花园中最主要的观赏草种。这些搭配的植物也可以反复出现。作为补充还可以选择匍匐生长的密穗蓼（*Persicaria affinis* 'Donald Lowndes'），它紧贴着地，独特的形式可以为整个花丛加分。

替代的方案

图中的植物组合同样也适合那些土壤比较新鲜肥沃的花园，但对于砾石花园来说却不是最为理想的花床。典型的砾石花园的土壤是在有需要的时候才施肥，在长期干旱的期间才浇水。如果你想在自家的花园种植一些不需要额外供水就能存活的植物组合，可以选择种植密穗蓼、绵毛水苏、矮生荆芥、小叶芒刺果、白婆婆纳或者类似匍匐生长的宿根植物。而作为金露梅的替代，选择银香菊、凤尾蓍或蓝花莸更好一些。

上图：薰衣草和经过造型修剪的锦熟黄杨安置在走道的两侧，显得非常整齐，但是不僵硬。

右图：随意布置的树木与栽种成块的德国鸢尾、绵毛水苏、熊皮羊茅等形成对比。

规范有序：规则式设计

规范的植物布置虽然非常适合现代建筑，但它却不是现代的发明。恰恰相反，古代花园建筑师很早就已经采用这种做法来开发植物利用的可能性。文艺复兴时期和巴洛克风格的花园无一例

外地采用了规则式的植物布置。这些具有代表性的花园作品包括相同式样的林荫大道、小丛林，精确分割的树篱和对称排列的大花坛。它们展示了一种严格的建筑学结构。有秩序的植物，正如其字面意义，是以秩序为基础的。基本上同种外观的植物（通常以造型区分，而非品种）要以同样大小的距离进行种植。这样就形成了直线形的排列或者同样覆盖面积的几何形花床。对这样一种设计，你应该每种元素一直使用一个或同一类的植物品种。

好的形状需要合适的植物

和宿根植物相比，修剪成型的树木更容易与其他规整的植物搭配出效果。但对一个砾石花园来说只有少数品种可以考虑。因为除了黄杨木、地中海荚蒾、欧洲刺柏以外，几乎没有合适的灌木可以一方面忍受干旱，另一方面容易修剪。树木需要修剪，否则枝叶太茂盛的话树荫会彻底遮盖砾石花园的地面。像薰衣草、屈曲花或银香菊等亚灌木则很好栽种成排，形成队列。

当然，你也可以把不同的宿根植物通过严格的安排形成规整的花园景观。但是宿根植物会大量传播繁殖，如果想使其成型或者只生长在规划好的位置，需要花费一定精力。

清晰的布置，节日般优雅

　　一个严格、规整的植物布置取决于一个清晰的秩序结构。由此产生的花园景观不仅优雅，还十分宏伟壮丽。这种王侯般的巴洛克风格设计在过去的专制时代大受欢迎，被普遍采用。

　　而在你的花园，你可以用植物来打破这种僵硬的形式，令花园的外观环境少一点教条主义，同时也不会失去建筑设施原本的清晰构造和强烈的表现力。右图中所展示的植物对此给出了一点建议。

　　被修剪出造型的崖柏属植物——北美香柏（*Thuja occidentalis*）作为植物背景种植在后方，如同哥特大教堂的柱子一样向上生长着。它能用来设定节奏，在其前方可以布置一些鸢尾，如香根鸢尾（*Iris pallida* 'Variegata'）和德国鸢尾（*Iris* Germanica-Gruppe）。这些崖柏和鸢尾力争向上的生长外形显得庄严雄伟，再搭配其他植物紧密而平坦的造型，可以起到引导路径的作用。这两种造型之间的对立关系决定了，尽管每个植物品种在安排上会有规律地反复出现，但整体不会显得单调。

强烈的对比

　　此外，在花园的四季循环中，植物叶子会交替呈现出不同的色彩，如各种各样的绿色或灰色调，甚至有混杂的白色斑纹。崖

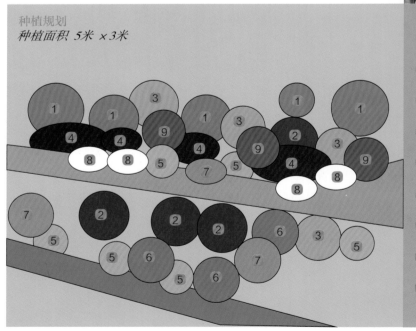

种植规划
种植面积 5米 × 3米

植物清单

1. 北美香柏 '斯玛雷杰' × 5
   （*Thuja occidentalis* 'Smaragd'）
2. 欧洲山松 × 4
   （*Pinus mugo* 'Mini Mops'）
3. 德国鸢尾 × 20
   （*Iris* Germanica-Gruppe）
4. 西班牙薰衣草 × 12
   （*Lavandula stoechas*，在寒冷的地区薰衣草生长得更
5. 香根鸢尾 × 30
   （*Iris pallida* 'Variegata'）
6. 薰衣草 '蓝色希德克特' × 15
   （*Lavandula angustifolia* 'Hidcote Blue'）
7. 柠檬百里香 '银色王后' × 30
   （*Thymus* × *citriodorus* 'Silver Queen'）
8. 常夏石竹 '银色王后' × 12
   （*Dianthus plumarius* 'Maischnee'）
9. 芍药 × 6
   （*Paeonia* Lactiflora-Gruppe）

柏和欧洲山松黑绿色的叶子，搭配上香根鸢尾带有白边的叶子和常夏石竹明亮的花朵，形成一种强烈的明暗对比。

通过灰色、暗绿色、草绿色等色调有细微差别的搭配调和，甚至可以采用强烈对比的黑白组合，由此形成了一组多样化的种植搭配。可能很多人都几乎察觉不到，其实不同植物的质地差异会给花园带来生机（见第58、59页）。柠檬百里香和薰衣草显得轻盈、纤细，而芍药和鸢尾则对立地体现出分量感。德国鸢尾和芍药的巴洛克式花型让花丛显得开朗而富有活力。通过对比方式，再搭配上植物布置的规律性，形成一幅散发出节日般优雅气氛的花园画面。

保护秩序

规则的植物群不仅需要你仔细地规划，还要有超过一年以上的认真养护。后者是为了尽可能让计划中的画面成为现实。幼苗的数量不能一样，因为某些植物的传播繁殖能力过强。当植物到达了它们的生长巅峰，展示出人们所期望的外观时，我们需要尽可能保持这种状态。在自由设计风格的花园中允许植物保留自己的特性，并动态地发展变化，但在这里是不可以的。除了日常的清除杂草之外，你还要注意：当德国鸢尾长得太大时要对其进行控制，薰衣草也要定期修剪，除此之外所有植物凋谢的花序都要及时清除。做到这样就不用一直养护花丛了，只要避免一些植物无节制的增长即可。在花园里，植物的节奏和风格需要长期保持。

秩序和节奏

也许你以前是这样做的：作为一个植物爱好者兴奋地规划着自己的花园，并且畅想着精心挑选的植物"宝藏"。但有些事情很奇怪，尽管你充满了热情，而且拥有树木、宿根植物、球根植物等的植物王国也给你提供了各种各样迷人的"珠宝"，但你对自己的花园却仍然无法真正满意。虽然你找到大量美丽至极的植物品种，但不知什么原因，将每种形式的植物都组合在一起总是显得不和谐。

这些经历大多有一个相同的原因：大量迥然迥异的植物被毫无计划地并排栽种在一起！这就常常呈现出一幅杂乱无章的画面。

下图： 道路的左右两侧种植着薰衣草和充满活力的芦草状针茅。通过有节奏的重复使得花园画面更加唯美，这种设计贯穿了整个花园。品种丰富的植物并没有让花园显得混乱，结构上反而更为清晰了。

这并不奇怪，由于花园中的位置稀缺，这种对植物的收集热情一般不容易形成结构化的画面。而且对某种植物的狂热爱好者通常会把这种植物的优先权置于整体设计之上。在砾石花园中也会出现收集各种喜阳植物的情况。合适的植物种类数量是极其庞大的，仅薰衣草就有超过50个品种。如果你想让你的砾石花园设计得令人满意，比起拥有更多稀有品种的植物而言，塑造更有吸引力的花园景观更重要。请换一种方式，争取实现一个清晰的布局，这并不意味着，你应该被限制在少数的品种或者必须放弃那些稀有的植物。虽然单种植物在花床上反复使用会导致植物的丰富性降低，但你最终会收获一个真正的收藏者花园！

预期的清晰结构

你应该预先想好需要哪些颜色、形状、质地的组合。你是喜欢蓝灰色的冷色调还是其他暖色调？植物是以又瘦又高的外形为主，还是需要圆润、柔和的外形？你的砾石花园是要呈现出一幅柔弱且在阳光下闪烁的画面，还是其中充斥着强壮的植物？一份精心的设计也意味着在自由的环境中有序地栽培植物。

引导用的宿根植物采用了经过计划的植物主题：一组精心选

左图：在这个砾石花园中，春天时把常绿大戟和银香菊放在前面。之后的季节会选取高大茂密的宿根植物起到主导作用，如心叶两行芥。

右图：新风轮、刺芹和针茅属植物在花园中反复出现，彼此融合又交相辉映。通常，少量植物品种就足以将花园景象布置得如一幅油画般。

择的色彩和丰富多样的造型组合。它们赋予了花园以结构。当主流植物（即在较长时间段内能够占领某片地区的植物）比它们的同伴长得更高大的时候，就会在花床中格外引人注目。大多数情况下，你只需栽种少量的主流植物，就能凸显花园鲜明的设计感。根据花床的大小，你可以在路边更多的位置或者更大的空间内种上宿根植物，但要适当调整每棵植株之间的距离。重要的是，保证植物之间始终有足够的空间，到时可以种上一些低矮的伴侣植物、填充植物以及球根植物。

植迷人的观赏草，如北美小须芒草（*Schizachyrium scoparium*）或芦草状针茅等。与宿根植物搭配的伴侣植物也应符合预定的引导主题，并栽在其前面。它们应稍矮一点，既可以补充宿根植物的色彩，又拥有独特的生长特征。此外，还可以栽种一些填充植物，选择早于宿根植物开花或者在宿根植物花期一结束就开花的品种，这样能使花丛长时间保持吸引力。短命但花期长的"流浪"植物，如红缬草、毛剪秋罗或南欧丹参等，同样可以为填补空隙做出重要贡献。最后，球根植物通常作为先锋，它们在每年早春的时候就可以为花园提供鲜艳的色彩。

跟随四季的节奏

在更大的花床里，你可以根据当时的季节选择不同的宿根植物。例如，可以想象一下，在春天用黄日光兰（*Asphodeline lutea*）来划分区域；夏季之前使用硬叶蓝刺头（*Echinops ritro*）；到了秋天则主要种

正确的搭配

最后一个小建议：在植物配置时要想显示出清晰的秩序结构，需要使用少量的高大植物和大批较为低矮的植物。低矮的覆地植物要置于前景地带，数量上也是所有使用的植物中最多的。

传统又现代

在很多英式的宿根植物窄花坛（传统的狭长花坛）中，会将宿根植物按照高度顺序以带状结构种植。这种花园里的植物主要使用的是人们培育出来的不同品种。而在许多砾石花园里，人们布置植物时则会模仿草地、灌木丛、大草原等自然环境，因此很少种植壮观的人工培育品种。其中大多数是野生宿根植物，有的虽然经过培育但品种没有改变，有的是挑选出来的自然品种。因为自然风格的画面更加现代和时尚，所以人们在设计花园时也就更加自由。

正如图中的案例所展示的，传统的方法也能提供可靠的解决方案。植物培养在一个封闭的花园空间内。松散建造和自由生长的树篱划分出区域，它们几乎可以算是墙壁，在其前方可以清晰地呈现出其他植物的轮廓和颜色。同时这些树篱也遮挡了花园其他区域，这样此处的植被就不用与花园相邻区域的布置形成竞争。

在布置植物时需要记住一个传统的高度排列次序：高个的植物置于花床的后方，越向前植物越矮。单一种类如景天'秋之喜悦'（*Sedum* 'Herbstfreude'）可以长得很高，经过修剪依然很好看。其他植物如蓝羊茅（*Festuca glauca*）可以有节奏地反复出现。作为统治性植物的亚灌木滨藜叶分药花，在这个画面中尽管只能在一个位置看到，但在整个花园中却多次出现，是花园中常备的植

种植规划
种植面积 *5米 × 3米*

植物清单

1 景天'秋之喜悦' × 12
（*Sedum* 'Herbstfreude'）
2 总花荆芥'杰出' × 12
（*Nepeta racemosa* 'Superba'）
3 滨藜叶分药花 × 3
（*Perovskia atriplicifolia*）
4 凤尾蓍 × 3
（*Achillea filipendulina* 'Coronation Gold'）
5 紫晶羊茅 × 20
（*Festuca amethystina*）
6 蓝羊茅 × 8
（*Festuca glauca*）

物之一。

有活力的形式

滨藜叶分药花高耸的花穗，和凤尾蓍、景天等植物的水平花伞一起形成了充满魅力的造型组合，其弯曲成弧形的草茎丰富了整个布景，并带来了活力。这种生机勃勃的设计令植物在花期之外依然美丽，从不无聊。这里使用的植物色彩既稳定又持久，甚至在冬天都能呈现出一幅美丽的画面，只需在冬末对其进行一次修剪即可。

从春至秋开花不断

小型花坛很难实现一年四季都开花，只有少数可以全年开花的品种能够带来令人满意的色彩效果。

在这个示例中，主要花期时的蓝色和黄色这对互补色形成了一种简洁的对比。在一年中可以通过不同色调的色彩组合来为花园的构图加分。秋天适宜以暖色调为主。在这个季节，草丛的棕褐色茎秆与景天的紫铜色花伞，以及凤尾蓍的棕褐色果序搭配在一起显得无比和谐。这样直到早春，植被都很迷人，你可以补充不同的球根植物了。球根鸢尾3月就可以第一次开花，4月前郁金香也已经繁花似锦。你可以把这些球根植物种在宿根植物之间的空隙里，这样即使它们枯萎了，花园景象也不会被发黄褪色的叶子所破坏。

上图：水苏和松果菊通过和谐的色彩变换来吸引眼球。

右图：黄色与蓝紫色花朵在一起是一种经典的搭配，这两种颜色的对比总那么惹人喜爱。

砾石花园的色彩

我们也可以在砾石花园中进行色彩实验。除了那些明亮或黯淡、颜色浅或深、冷色调或暖色调的花朵，果实和叶子也都是这场色彩实验的材料，尽管它们大部分出场时表现得比较克制。其中特别是银灰色和浅蓝色的叶子，对砾石花园的色彩会产生重要的影响。它们

不仅优雅，而且还有调和效果，可以缓和棘手的色彩组合之间的不和谐。因此，这些颜色是对多种色彩布局的有力补充。此外，灰色调在光亮度上也胜过了花园中的大部分花朵。而且在富有魅力的单色花园中，如果没有像绵毛水苏、宽萼苏以及艾蒿这类柔和的银色调植物进行点缀，花园景色几乎是不可想象的。

彩色还是单色

在较小的砾石花园中使用单色的设计更为理想，因为小平台无法承载太多的颜色。单色花园虽然只用了一种色调的花，但可以通过明亮度来实现变化。一些植物可以显得很漂亮，是因为花园空间的划分以及不同品种之间质地和形态的多元化组合。

较大的花园可以搭配更多的颜色。但要注意：使用越多的颜色，色彩搭配就越难成功。无论是反差明显的（见第46页）还是调和统一的（见第50页）色彩布局，最好一开始就确定。在大面积的空间里，要争取实现不同季节和不同颜色的组合。但不管你如何在自家花园中进行色彩搭配，都要注意，色彩仅仅是一个方面。由于花期的局限性——在砾石花园的定居者中持续开花的只是少数——你还应该考虑植物的形态、结构和质地。

生动的色彩对比

　　对比产生美感，反差更能吸引人的眼球！这句话就算不能在所有地方适用，但在色彩运用领域看起来却是真理。通过对比和反差可以让画面充满张力，令整个景象显得生机勃勃。对此需要提供完全不同的可能性：冷暖色的整体运用，深浅色调的变换，以及互补色彩的组合。上述最后一项需要人们找到能够彼此彻底区分开的色彩组合，例如蓝与黄、绿与红，或者黑与白。这些彼此对立冲突的色调在混合时总会有相同的灰色地带。

　　如果你想把具有互补色彩的植物搭配在一起，不必严格地遵循对立色彩组合理论。相反，允许与理论有一些偏差，只要结果是和谐的色彩布置即可。

　　如果你用橘色代替黄色与蓝色一起搭配，或者用紫罗兰色的花朵配黄色的植物，这都不算错。这种具有强烈表现力的组合也会起到吸引人的效果。砾石花园中充满了阳光，这就造成一个风险：在阳光明媚的日子里，浅色调会变得模糊不清晰；而鲜艳的色彩在此时，特别是中午时分就会显得更加强烈持久。

你不必担心这种简洁的互补色彩对比会形成一种令人生厌的景象。因为在砾石花园中，各种花卉的色彩组合，加上叶子中性的绿色调，以及变种植物叶子的银色调，足以使色彩达到一个超乎寻常的显示效果。

如果你早晚时分待在花园里，不仅会收获满意的互补色彩对比，还能看到更清晰的差别和色彩层次。在通往树林的道路上应尽量避免深色调，因为阴影部分会显得更加昏暗沉重。

和谐搭配和危险搭配

五彩缤纷的植物设计看上去很有吸引力，但使用的颜色越多，出现"色彩事故"的风险就越大。因此往往少就是多。有时限制地使用少数颜色就已足够，只要两种冷暖颜色就可以形成迷人的景象。闪耀的猩红色配上冷冷的蓝色，明媚的橘红色配上迷人的紫色，或者浅黄绿色配上鲜艳的胭脂红色，这些充满张力、迷人的对比组合有着无限的可能性！但不是每种冷暖色的搭配都具有吸引力，特别是橘色或金黄色与粉红色或胭脂红色的组合，太过醒目却不和谐。即使是伞形花序蒿（*Artemisia umbelliformis*）、卷耳、薰衣草和其他许多宿根植物

或亚灌木的叶子所具有的中性的灰色调也不能消除这种不和谐。同样，不同层次的紫色与纯蓝色或者暖红色调的组合也很难搭配成功。

甚至当你在设计你的砾石花园时，对于花卉颜色的安排被限制在了两种，通过银灰色的叶子也完全可以形成和谐的色彩组合。你也可以有意识地创造经典的三色组合，只需在一个吸引人的冷暖色组合里补充一种中性的色彩即可。一个黄、蓝、白三色花朵的简单组合就可以非常迷人。淡紫色、橘色和灰色的组合也能起到同样良好的效果。暖色调有着比较高的亮度，会更强地脱颖而出。因此推荐更多地使用蓝色或紫色花的植物，而栽种黄色或橘色的代表植物时就需要克制一些。

浅与深的搭配

明显的深浅对比同样会形成冲击性的画面，黑与白是其中最极端的例子，尽管栽培者费尽心思至今也没能成功获得拥有黑色花或叶的植物品种。从深紫色到白色或浅黄色的花朵变化，鲜艳的朱红色与柔和的粉红色的花朵混合，或者叶子的明暗组合，都可以创造出对比。在富有艺术设计感的砾石花园中，你处理和创造这些色彩反差的想象力不受任

何限制；而在自然简朴的砾石花园中紫红色等鲜艳的色调就比较罕见。这也是一个提示，你家砾石花园的风格和色彩设计风格应该是一致的。

上页图：一个经典的有吸引力的三色组合。火炬花的橘色和荆芥的蓝色形成色彩上的对比，再通过蕨叶蚊子草的白色来中和。

下图：秋蓝禾和糙苏柔和的黄绿色，与牛至和美国薄荷鲜艳的紫红色形成了令人兴奋的对比。

春天的色彩和弦

当一名艺术家满意地坐下来并不断打量他的作品时，这幅画就算完成了；当画上最后一点新鲜颜料晾干了，这个多年的艺术品也就最终成型了。

但在花园中却相反，一切都在不断地变化，不仅花园一年中的面貌在变，各种植物随着多年的生长也是如此。因此这些季节性的变化可以比作一场戏剧表演。如同舞台背景一般的树木丛林在每一幕中都显示出不同的景观。春天时主要是清新、柔和的色调，夏天时的色彩则更加浓艳。到了秋天景色再次变化，出现了黄色、橘色、红色等醉人的色彩。冬天时落叶乔木和灌木的枝杈又换了天地。花与果实的装饰，树叶不断变化的色调，枝干的颜色，这一切共同组成了丰富多彩的花园景象。

薰衣草和其他植物的自由舞台

如同舞台上的演员一样，各种灌木、亚灌木和球根植物也要承担起不同的角色。薰衣草、鼠尾草、银香菊等都是其中的主角，它们存活时间长，受到的关注也是最多的。其他如郁金香、球根鸢尾或葡萄风信子就只能来一次短暂的约会了，用它们五颜六色的花

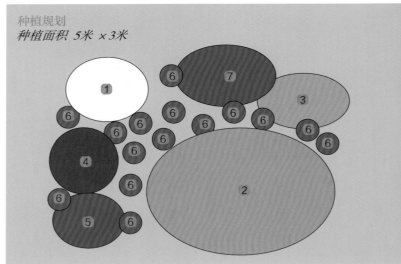

种植规划
种植面积 5米 × 3米

植物清单

1. '白花'早生金雀儿 ×1
   (*Cytisus* × *praecox* 'Albus')
2. 矮生染料木 ×3
   (*Genista lydia*)
3. 荆芥'六座大山'×5
   (*Nepeta* 'Six Hills Giant')
4. '紫叶'药用鼠尾草 ×3
   (*Salvia officinalis* 'Purpurascens')
5. 长药八宝 ×3
   (*Sedum spectabile*)
6. 紫花细茎葱 ×15
   (*Allium aflatunense* 'Purpur Sensation')
7. 块根糙苏'亚马逊'×3
   (*Phlomis tuberosa* 'Amazone')

"衣"吸引观众。更多的配角虽然位列主角之后，但没有它们就不能算是一个整体。在这个舞台上，各类植物来来往往，轮流登场，组成的景象就仿佛为一场表演拍下的一幅幅生动的照片。

紫红色、青紫色和黄色

这张照片是5月时拍下的。当时，一整排紫花细茎葱作为配角登场。它们有着美丽的球形花序，鲜艳的紫红色几乎抢了其他所有植物的镜头。但这种魅力很快就会褪色：花期过后它们的果序是绿色的，直到种子成熟前都呈现出一种干枯的土黄色调。

花葱上的紫红色还可以在'紫叶'药用鼠尾草的叶子上发现。这种常绿亚灌木能够全年保持魅力。春天，当其新叶长出时，它的颜色最浓烈；到了初夏，青紫色的唇形花朵点缀其上，与长期开花的荆芥相得益彰。花葱与鼠尾草的组合和地面上矮生染料木的黄花之间形成一种鲜明的对比。'白花'早生金雀儿如云一般的花丛更是将这种色彩组合扩充成一种热闹的三色和弦。

但这种茂密的花花期会十分短暂，就像一台安静的钢琴，随着春天的到来慢慢奏响，直到夏天才全部爆发。但即使这种彩色逝去，层次多样的植物也仍然会组成美丽的景观。不同的植物高度和多样化的质地会使得砾石花园全年都充满生机。在更寒冷的地区冬天要对'紫叶'药用鼠尾草、矮生染料木和'白花'早生金雀儿进行保护，以防它们受到伤害，这样你才可以更长时间地享受繁花似锦带来的乐趣。

左图：色调相近的紫红色与粉红色赋予这片土地上的植物完美的和谐感。

下图：在白色调花园中银叶白花会带来一种闪耀的美感。

和谐：
冷色或暖色

　　与引人入胜的反差色相比，柔和的、彼此协调的色彩组合能建立起和谐感。反差明显的图案会使人兴奋，带来挑战感，有时甚至让人感到不适；但和谐的组合却能令人感觉平静和舒适。当和音紊乱或受到干扰时我们会说不和谐，作为旁观者对其进行否定。

　　在花园中你可以通过植物的选择来实现和谐的色彩组合，这些植物的花瓣颜色要十分相近或在色谱内可以直接彼此转换。比如你可以选择强烈的黄色和橘色色调进行组合，或者选择胭脂红色与浅紫色进行搭配。这些颜色组合尽管由完全不同的植物产生，每种植物都有着自己独一无二的魅力，但可以互相调整。当整体颜色为冷色调时会产生一种

寒冷的、遥远的效果，也可以用暖色调的组合实现强光和前景突出的画面。通过相关的布置甚至可以影响整个花园的空间效果：冷色调的植物可使背景看上去更深远、更广阔；相反，暖色则给人以较近的感觉，用暖色植物布置的空间会显得更小。当你决定把砾石花园布置成一个统一和谐的色调时，绝对不能只限制在两种颜色。无论你选择冷色调还是暖色调，在同一色谱内，你可以选择两种乃至三四种颜色进行组合。例如，黄色和橘色可以再搭配一个浅黄绿色或者鲜艳的猩红色，使效果更加出色。当然，也可以使用棕褐色和其他暖色调的中间色来实现温暖的效果，比如草结籽时，其茎秆所呈现的淡黄色。

右图：效果卓群的暖色组合。通过橘色和红色的搭配，再加上明亮的黄色，让人联想到熊熊燃烧的火焰、一片光明的景象。

色彩比例的问题

为了达到想要的效果，应该有意识地使用色彩。有些颜色必须计算一下才能用好，因为它们太过强烈会遮盖住其他色调。例如明亮的猩红色就是这样一种非常温暖和强烈的颜色，给人以明艳并且充满活力的感觉。因此在花园中需要谨慎地使用猩红色，不要大量地布置，否则靠近它的其他色彩就会被掩埋。

而黄色是阳光的色彩，有着很高的亮度，与其他暖色搭配在一起是典型的夏季颜色，如果与冷色搭配则可缓和其明度，起到调和作用。

冷色调的布置会赋予花园冷淡的气质。蓝色作为最寒冷的颜色会让人联想到海洋和天空的辽阔。因此蓝色花朵在花园布置中十分受欢迎。通过精心设计，它可以使花园空间显得更加广阔，实现浪漫的、梦幻的花园图景，特别是在柔和的光线下，如清晨、黄昏或者多云的日子里。美丽的色彩渐变也可以实现冷色的效果，比如按照从淡紫色到胭脂红色的顺序，或者从粉红色到白色的顺序逐渐增亮，再加上灌木和亚灌木叶子的灰色层次，使砾石花园中的植物搭配显得更加典雅高贵。

从弱到强的色彩效果

当你只使用单一的色调时，也可以实现和谐的色彩组合，但在色彩的亮度或柔和度上要有细微的差别，直到纯白。比如用灰色老鹳草（*Geranium cinereum* 'Splendens'）的品红色花朵与不同品种的百里香或深或浅的粉红色搭配，或者配以圆锥石头花的白色花丛，都会显得十分浪漫。当各种色调彼此融合，就会形成完美的色彩组合。

这种色彩组合方式当然也可以使用在不同的色调上，比如从深蓝到浅蓝直到白色，或从深黄到不同程度的中间色再到白色。

银色与蓝色的"约会"

所有理论都是灰色的，或者说是乏味的。一说起灰色的老鼠，就不会期待它有闪光的特性；而一想起灰色的城市景象，也不会觉得有多美好。灰色一般让人联想到单调和陈旧。而银色则显得高贵。花园中使用的灰色叶子和银色调的植物就恰恰符合这种对立关系。而且在砾石花园中也有很多相似的情况。大量的亚灌木和宿根植物为了很好地适应生活环境中的干热气候，形成了茂密的茸毛和白色的涂层（见第26～29页）。作为中性的植物颜色，银色和灰色显得非常重要，有时甚至是必不可少的。它们不仅可以突出其他色彩的效果，还让周围植物和自己的花朵色彩更加闪亮夺目。如果只有灰色的话几乎是做不出这种反差效果的。但有一个例外就是硕大刺芹，在图中所展示的植物中占了很大一部分。它有着迷人的外形，银白色的叶子和独有的特征使其显得高贵典雅。但作为二年生的品种，硕大刺芹无法成为植物丛的固定成员，一直以来只能通过自播繁殖制造惊喜，一会儿出现在这，一会儿出现在那。无论它出现在哪里，都是一个漂亮的邻居。在这些植物中，百子莲鲜艳的深蓝青色也有助于打造明丽的景色。百子莲是一种来自南非的宿根植物，但在寒冷的冬天也需要保护。如果

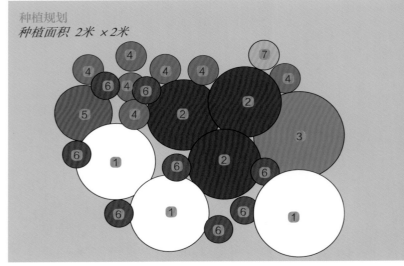

种植规划

种植面积 2米 × 2米

植物清单

1. 硕大刺芹 ×3
   （*Eryngium giganteum*）
2. 百子莲 ×3
   （*Agapanthus* 'Isis'）
3. 柔软丝兰 ×1
   （*Yucca filamentosa*）
4. 柳叶马鞭草 ×7
   （*Verbena bonariensis*）
5. 景天'紫帝' ×1
   （*Sedum* 'Purple Emperor'）
6. 圆头大花葱 ×8
   （*Allium sphaerocephalon*）
7. 奥林匹克毛蕊花 ×1
   （*Verbascum olympicum*）

你觉得这种保护有些吃力，也可以选择林荫鼠尾草（*Salvia nemorosa*）或者藿香（*Agastache rugosa*）作为替代。它们都具有直立生长的特征和不是很纯粹的蓝色穗状花序，能够部分改变整个布局的特性。百子莲鲜艳的蓝色和柳叶马鞭草的浅紫色之间会形成对立，需要一些色彩来缓和，如图中所展示的马鞭草和花丛前方的观赏葱进行的搭配。茎秆又高又硬的马鞭草因其较长的花期给人留下深刻的印象，而它的寿命也不长，在温暖地区的疏松土壤通过自播进行繁殖。如果你想让你的砾石花园长时间保持一个相似的景象，你可以保留其幼苗，甚至在适当的位置进行栽种。一次又一次地改变花园的布局十分辛苦，像柔软丝兰之类的多年生植物可以作为固定植物一直赋予花园以硬朗的气质和结构。

一种合适的背景

在植物的背景位置栽种了不是很引人注目、有着细腻黄叶的针叶树和一株开黄色花的奥林匹克毛蕊花，百子莲的蓝色花朵和柳叶马鞭草的浅紫色花序通过这种精心设计的方式增强了显示效果。这种背景一点也不显眼，具有强烈对比效果的黄色更加突出了蓝色和浅紫色的冷色效果。

这不是巧合。甚至在单色的花园里，有经验的规划者通常会栽种那些色彩可以与整体花卉色彩形成互补的彩叶植物。例如在黄色为主题的花园里种一些蓝叶植物或者在蓝色花园里栽一些黄色叶子的树木或宿根植物。

左图：紧密直立的毛蕊花形成与众不同的视觉效果。

下图：不同生长形态的植物组合带来对立冲突感。向上生长的丝兰花丛通过地面的百里香和景天增强了它的效果。

造型组合

色彩和造型是花园中最重要的设计元素。因此，造型的精心选择同样十分重要。虽然植物的色彩就像璀璨的烟火一样迷人和受人偏爱，但五彩缤纷的花卉只是一时的，植物的轮廓和线条则更为长久。植物的特性决定了花园不可能一年以上都不变化。如宿根植物和草类植物，也包括球根植物，每年都会改变。尽管如此，我们还是要了解其成熟时的外形。它们基本上可以分为两类，分别是凸显结构的植物和凸显质地的植物（见第58页）。当后者被花叶所覆盖时，突显结构的植物则一目了然，像丝兰、刺芹或德国鸢尾等植物的外形结构就清晰可见。它们的外形有时富有表现力且与众不同，可以显示出清晰的生长方向，或者如大翅蓟或海滨两节荠一样有着奇异的形态。在晚秋和冬季，花早已凋谢，绿叶和茎秆成熟后变成浅棕色或铁青灰色，植物的结构就脱颖而出。一场霜或小雪更加增强了这种视觉效果。刺芹、糙苏、牛至和有着纤细线条的草原草种共同组成这美妙而迷人的画面。

丰富的形状

鸢尾、毛蕊花、火炬花或独尾草高高耸立的外形显得很有朝气。它们会把人们的视线引向垂直的方向，而且长得越高，摆动起来就越引人注目。与砾石花园中大量丛生的杂草相比，这些植物不偏不倚，看上去富有活力。像朝雾草、血红老鹳草、圆锥石头花这些圆形轮廓、结构略微欠缺的宿根植物有一种静态的效果。像百里香、卷耳、景天这些平坦矮生的宿根植物则传递出沉着稳健的感觉，它们通过水平方向的生长在花园里大量繁殖。

在你的砾石花园里，你可以通过采用丰富多样且彼此不同的造型来打造一幅生机勃勃的画面，例如将高高耸立的黄日光兰置于绵毛水苏之中，这看起来非常具有挑战性。这种有活力的对比在整个花坛中有节奏地重复出现，不仅具有很高的识别价值，可以让人不断加深印象，还能将所有植物连接成一个整体。

对于花园中感觉比较"硬"的部分可以用具有调和作用的圆形造型进行软化。装饰有松散花序的宿根植物如荆芥叶新风轮菜或鞑靼驼舌草是介于两者之间的优秀代表，效果显著。

如果你设计自家砾石花园时不想太抢眼或突出，可以选择相同品种或外形类似的植物。但花园空间特别大时单一植物会显得

上图：富有生机的线条。欧洲异燕麦、昆明羊茅或大针茅等发状生长的草类植物不仅在夏天是惊人的视线焦点，而且其影响力能一直保持到冬天。

比较单调，需要有不同植物的高度层次、色彩搭配与质地组合才能带来更加丰富的观赏角度。

所有级别上的对比

花园中的植物可以从不同的角度寻觅出很多细节，不同形状的花、花序和叶子通过不断组合就能够形成十分丰富的景象。但主旨都是一样的：通过对立产生变化与张力。林荫鼠尾草和凤尾蓍搭配在一起十分迷人，它们不仅在色彩上形成了对比，而且其瘦长的穗状花序与宽扁的伞形花序之间也产生了互补效果。外形上的截然不同也提升了色彩对比的效果，这种组合在其整个花期都可以保持吸引力。而景天的伞房状花序和毛蕊花的圆柱形穗状花序搭配在一起甚至可以让砾石花园在整个冬天都迷人。

小植物大景观

　　这座花园里生长着许多灌木、宿根植物和球根植物，它们用繁盛的花朵、迷人的芳香或漂亮的叶子吸引人们的眼球，给人留下了深刻的印象。没有人能拒绝在一个温暖的晴天里薰衣草开花的魅力，也只有极少数人才会质疑玫瑰花的美丽。这些植物不同寻常，它们出场就无可抵挡，尽显高贵、华丽，而其他品种的植物在它们面前都要鞠躬。如果一个植物在高度上大大超过了其他伙伴，它的外形就会显得富有魅力、与众不同，能给人留下深刻印象。在图中所展示的植物中绝对华丽的阿根廷条纹庭菖蒲就这样统治了前排的画面。它是一种充满表现力的结构特殊的鸢尾科植物（见第54页），不仅剑形的叶子向上耸立，笔直的花茎更加强调出垂直感，层层叠加的花序也不能打断这种效果。为了能够在短时间内形成这么大的花丛，你应该把很多株种在一起。这种植物只能在气候温和的地区长期良好地生长，你可以在你的砾石

种植规划
种植面积 2米 × 3米

植物清单

1 条纹庭菖蒲 × 3
（*Sisyrinchium striatum*）

2 茴香 × 2
（*Foeniculum vulgare*）

3 景天'秋之喜悦'× 3
（*Sedum* 'Herbstfreude'）

4 牛至'金诺顿'× 5
（*Origanum* 'Norton Gold'）

5 半日花 × 4
（*Helianthemum* 'Rhodanthe Carneum'）

6 薰衣草 × 1
（*Lavandula angustifolia*）

7 百里香'杜恩谷'× 7
（*Thymus* 'Doone Valley'）

8 欧白芷 × 1
（*Angelica archangelica*）

花园中种植拟鸢尾（*Iris spuria*）、德国鸢尾或白阿福花（*Asphodelus albus*）作为替代。用这些宿根植物可以达到相同的效果，到了6月它们同样可以与低矮的景天和那时已经开花的半日花一起形成鲜明的对比。一种是圆形、横向扩张的植物，另一种是高耸的线条，二者之间的变换带来了对立与活力。

调和互相对立的丝状植物

给外形美丽的条纹庭菖蒲保留合适的距离（强调了这种宿根植物的栽种特点），会使得它在整个花丛后方越长越高。一些生命周期短的宿根植物，如茴香和欧白芷，可以一直延续到后面的灌木植物，并作为花园不同区域的分界线。茴香丝状叶子形成的柔软羽状枝条是这里重要的一环，也是周边众多更巨大的植物之间的调和者。如果你在花园里选择采用这类植物，应考虑到，欧白芷要想长得更高大，需要生活在潮湿的地区。而且还有一个提示：如果你是敏感皮肤的话，要小心碰到它，或者干脆放弃这个品种。因为接触到欧白芷的皮肤在阳光照射下会引发类似烧伤的斑疹。这种植物大部分在栽种后第二年或第三年开花，结出种子后很快就会死亡。它和茴香一样，在合适的生长地区，可以通过自播进行大量繁殖。为了在花园中保留这个品种，可以在合适的位置保存一些幼苗。但是，这些"流浪"植物会对条纹庭菖蒲的统治提出挑战，为了保持想要的外观和造型的多样性，你必须一直去除它们的幼苗。

上图：宽大的深色叶子显得举足轻重。它们可以作为花园的中心，给其他植物以支撑。

植物的质地：从轻薄到厚重

时尚行业已经做出了示范：不同的材料有着不同的效果。闪亮的丝绸高贵优雅，让人显得苗条；相反，毛线编织品则给人以粗糙厚重的感觉。两者之间还有很多种不同特性的材质。植物也有相似的多样性。叶子在整个植物生长季节都存在，本质上就相当于植物的"编织品"。在专业术语上，我们所说的就是一个植物的组织纹理。它既可以是轻又薄的，也可以是大而重的，或者介于两者之间。

举例来说，小叶子显得纤细，所以我们会觉得羊茅或针茅等窄叶观赏草轻盈优美。同样，圆锥石头花或新风轮看起来就像在浮动。其他宿根植物例如毛蕊花、深色的景天或糙苏则更加接地气，比起它们优雅的邻居看起来更加巨大而笨重。

然而，这种粗大的宿根植物或亚灌木在砾石花园中只能以有限的数量存在。许多砾石花园中的植物为了适应干旱、炎热的条件（见第26～29页）而长出小巧或被毛的叶子，且叶子大多数为丝状，颜色为浅色，通常是银色调的。在轻薄的设计中纤细的植物是主流，有很多品种可供选择。

粗重质感的宿根植物就很少了，你可以选择一些适应性强的品种，如岩白菜（*Bergenia*）、巨根老鹳草（*Geranium macrorrhizum*）、虾蟆花（*Acanthus mollis*）或大叶菊蒿（*Tanacetum macrophyllum*）来填补你家砾石花园的植物组合，即使这些植物通常偏爱在森林中有光的环境下生长，而且需水量比大多数草原植物都大。

"软"中也要带"硬"

尽管在砾石花园中只采用几乎无限供应的小叶植物是一种诱人的选择，因为这样做几乎不会有什么风险，但会显得花园太过杂乱无序。为了支撑和区分空间需要提供一些有力的平衡物。你可以少量栽种一些粗大的植物，它们与优雅的"邻居"在一起时会显得格外突出，有时甚至会形成具有戏剧性的对比效果。一位著名的宿根植物园艺家、栽培者，花园哲学家——卡尔·福斯特（Karl Foerster），曾经十分准确地将这种关系形容为"竖琴与定音鼓的游戏"。为了让"二重唱"形成一只和谐的乐队，还不要忘记柔细和粗重这两种质地之间的中间者。例如，糙苏的大叶与昆明羊茅的细叶会形成鲜明的对比，可以通过春黄菊、荆芥或凤尾蓍来很好地过渡。当这种质地的对比在你的砾石花园中反复出现时，会产生一种强有力的节奏。你不必一直使用同一种植物，栽种其他类似质地的品种也会起到相同的作用，完全可以互相替代。肾叶老鹳草、海滨两节荠或硬叶蓝刺头都可以代替糖苏成为粗大植物的补充。圆果吊兰、紫花柳穿鱼或百里香则可以作为丝状"邻居"现身。

花园空间的优化效果

外形巨大的植物会压迫花坛的前景，可以通过层次来凸显植物的透视感或者消除不良的空间格局。如果你在花坛前部栽种一些粗重质地的植物，而后面则增加柔细质地的品种，这样可以使花园看起来更深邃。反过来，如果前部种植特别柔弱纤细的植物而后方是越来越多的粗重品种的话，就可以改善前面那种花园空间给人留下的狭窄感。因为粗重的植物可以挤压前方空间，缩短视觉上的距离。很少有人能意识到，通过对不同质地植物的精心使用和配置，可以对空间效果产生更积极的影响。

右图：纤弱的花朵和细小的叶子是砾石花园植物的典型特征。

有序的繁荣

随着你对砾石花园植物照顾和养护时间的增长，你会愈发喜爱这些植物。丰富的品种、多样的形状和不同的生活方式也令这些植物充满了吸引力。但仍有太多植物值得去发现，而且苗圃公司总有诱人的新品种供应，可以极大地丰富你家的花园。在已经满满当当的砾石花园中是否还能找到一个位置？我应该为了给新品种分配一个位置而向一些植物告别吗？这些问题随着时间的推移会变得越来越急迫。但这里没有一个万全的回答。你必须不断做出新的决定。

组合花园布局

一个丰富、设计多样化的花园一定不会堕落成无秩序、混乱的各种植物的集合，正如右图中的花园场景所展示的。大量亚灌木、宿根植物、球根植物在各式各样的树木背景前繁荣生长、争奇斗艳，尽管有不同的生长和生存方式，但形成了一个和谐优美的整体。正如砾石花园中的许多植物所展示的，具有调和作用的灰色和暗青绿色都是非常安全的色彩。它们可以作为一条连接纽带把一个又一个不同的植物联在一起，形成一个协调的充满色彩的组合。但只有叶子的色彩不能创造出令人满意的画面。通过不同层

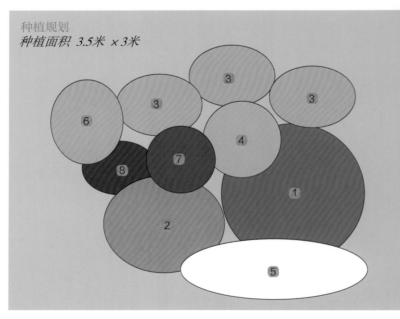

种植规划

种植面积 3.5米 × 3米

植物清单

1. 凤尾丝兰 ×1
   （*Yucca gloriosa*）
2. 常春菊'阳光' ×1
   （*Brachyglottis* 'Sunshine'）
3. 常绿大戟 ×3
   （*Euphorbia characias*）
4. 鬼罂粟 ×1
   （*Papaver orientale* 'Juliane'）
5. 毛剪秋罗'白花' ×10
   （*Lychnis coronaria* 'Alba'）
6. 岩白菜 ×6
   （*Bergenia*-Sorte）
7. 羽裂矢车菊'斯滕伯格' ×3
   （*Centaurea dealbata* 'Steenbergii'）
8. 荆芥'六座大山' ×3
   （*Nepeta* 'Six Hills Giant'）

次的植物和有节奏的重复设计同样可以为砾石花园的美丽做出贡献。因此，越靠近道路的植物越矮，越靠边的越高，这样才能营造出一个舒适愉快的花园空间。像丝兰一样外观突出的品种与其以质地见长的"邻居"，在道路两侧可以产生令人难忘的对比，它们在视觉上彼此连接了不同的区域。而其他植物的选择就无关紧要了，在自家花园里，无论是有时不耐冻的丛生常春菊（*Brachyglottis* 'Sunshine'），还是与其相似但在寒冷地区比较可靠的亚灌木如中亚苦蒿（*Artemisia absinthium*）、芸香（*Ruta graveolens*）或撒尔维亚（*Salvia officinalis*）的不同品种，都可以随意选择。

固定的主要植物以及柔和的过渡

纤细的宿根植物和丝状的草类植物是花园中的重要植物，但遇到更抢眼的植物时，它们容易被人忽略。其中，开花繁茂但是很快凋谢的罂粟花朵与岩白菜那深色的宽大叶子一样抢眼，有着高大茎穗的凤尾丝兰开花较晚，其奶白色花朵同样吸引了人们的视线。

但是这些具有截然不同特征的植物很少会出现在同一个位置，相差比较大的会通过中间植物，如柔和黄色的常绿大戟或毛剪秋罗，来过渡衔接。毛剪秋罗整个夏天开着鲜艳品红色的花朵，可以作为一条纽带连接起花园的不同区域。如果你比较厌烦这个色调的话，也可以选择毛剪秋罗的白花品种。像流浪者一样的球根植物，如波斯葱和西西里蜜蒜（*Nectaroscordum siculum*），会在初夏出现在砾石花园不同的位置，就像赴一场约会似的，它们有助于花园形成一幅和谐、令人满意的整体画面。

砾石花园的 建造与养护

松土、挖沟、浇水、施肥——在砾石花园中你完全可以忘掉这些。砾石花园一旦建造成功，以后只需对植物进行少量的养护就足够了。

通过养护
来控制花园

配置植物只是建园之路的开始，最终能做成什么样子，还是要通过养护的方式和力度来确定。

———— 旦你按照自己的想法开始在花园里种植，那么接下来的工作就会永无休止！栽种只不过是通往迷人花园这条路上短暂的一站，花园里一年四季都在不停变化，甚至要年复一年的推陈出新。只有掌握相关的养护知识，你才能控制这种变化，影响和改变你的砾石花园的面貌。你需要投入大量的时间和精力，才能让你想要的画面和场景保持一定的时间。为此，限制住一部分花园植物的扩张就很有必要了。对于某些品种，必须及时摘掉正在萌发的花蕾来阻止其播种；而有些丛生植物会随着时间推移不断生长蔓延，需要挖掘出一部分来控制或阻止其分株。总之，使用这些养护方式的目的是保护弱势植物不被侵袭，让所有植物都保持繁茂。

下图：要想使画面中的植物状态一直保持下去，就不能绕开除草这一环节。同样，砾石花园中其他一些植物也必须得到有效的控制。

要敢于尝试

当你在较大的空间内开始种植时，总是会感到非常紧张，同时也会对自家花园的改变产生好奇。其实，花园的全貌是基于各个品种一点一滴的变化与收获的。只要它们不剧烈扩张或出现问题，就可以让宿根植物、草类植物以及球根植物等自生自灭。而最糟糕的情况无非是那些生长缓慢且弱势的植物被侵占空间，以至于最终被排挤掉。但只要使用一些相应的养护手段就可以迅速改变植物的状况。当你观察自家花园几年后，会发现它与最初阶段已经大不相同了。这种养护策略占用的时间会很少，而且也不会出现那种完全不受控制的侵占现象。像蒲公英、田蓟、田旋花之类的野草需要及时清除，同样，任何一种过度繁殖的植物也都要被限制。因此，像亚灌木这类植物就需要定时修剪来保持株型了。（见第74页）

为了保持砾石花园的美观，细心、到位的养护是必不可少的。在这里，针茅、西格尔大戟和山地葱的幼苗都很受到欢迎，只要不泛滥生长得到处都是就好。

建造一个砾石花园

你已做好决定：要建造一个阳光、温暖的砾石花园！为了让梦想成真，首先你需要了解基础信息并制订计划。一个成熟的计划是你的砾石花园成功的先决条件。通过参观花园和阅读相关的图书杂志，你可以从不同的案例中获得启示。拜访苗圃和研究货品清单也有助于植物的选择。大多数时候会有一个植物数量庞大的清单——谁能受得了无数迷人的砾石花园植物的诱惑呢？砾石花园设计的细节确定得越详细，这个清单就越能缩小范围。最好是能按比例先画一张花园的草图，推荐比例为1∶20，图中至少要规划最重要的植物的区域。

第二步就是土壤的准备工作。这时，你必须像做计划时一样小心。因为植物是否生长良好以及之后的养护是否顺利，完全取决于种植平台的准备工作是否到位。而植物所在区域及土壤的质量决定了成本的高低。

简单的干燥区域

为砾石花园预留的场地一般比较干燥，降水很快就会渗透流走。比如说草地，在夏天由于干旱的缘故经常变黄，因此准备工作就变得比较简单，只要除去草皮、深耕松土即可。此时，你只需耐心等待，看看哪些野草在土地空闲时会长出来。

彻底清除杂草

当你发现在准备好的种植区域有田旋花、披碱草、田蓟或其他有害的野草发芽时，一定要将这些讨厌的家伙彻底清除掉，并且注意连野草根部也要完全除掉。除草时，一把园艺用的叉子比铲子更加好用，因为铲子经常会将野草的根茎铲断，而残留在土壤中的根茎又会滋生出更多的野草。犁在此时基本用不上。就算土地平整且看上去没有杂草了，像披碱草或其他野草的那些纤细或断

裂的根也会到处再次发芽。

因此，为了检验你的工作是否成功，最好在除草结束后再等上几周，只有这样你才能判断土壤中那些野草是否清理干净。如果遇上年末来不及种花的话，也可以播种一些深根植物如油萝卜和荞麦来作为绿肥使用。这期间

你需要疏松土壤并且细心照料，确保来年春天种植之前没有其他杂草过分蔓延。到了春天，要将多余的绿色植物种子清走，这样土壤中就不会富含过多的养分。如果当时不再出现野草根的话，就可以开始种植了。

1. 深挖。如果土壤比较厚重，就需要挖走至少40厘米深的土，然后尽可能深地疏松土壤，以防之后积水。

2. 混合基质。最好在一个牢固的平面上进行，比如一条车库通道。用4～7铲沙砾混合1铲堆肥，将其彻底搅拌均匀。

必要时更换土壤

砾石花园中的土壤不可能一直适用。当土壤变得黏重时，在降水丰富的地区，不少对湿度敏感的植物就会死亡。在这种情况下，不适合栽种针茅、刺芹或其他草原植物，竞争力更强的野草会成为一个长期的麻烦。如果你仍然想在这样一个位置建造砾石花园，那就必须深挖土壤并填充合适的基质（见步骤1～4）。首先，应该在南面或西面的斜坡上进行换土，这里阳光充足，积水可以及时排走，虽然不是砾石花园最理想的状态，但前景依然良好。

为了防止土壤变黏重，所有工作最好在天气干燥时进行。挖土要越深越好，无论什么情况都要至少挖40厘米深。在面积大的地方，一台小型前端装载机或微型挖土机能起到很大的作用；在小空间就只能靠人工了。通过换土也许可以除掉现有的有害野草，但要注意，旋花或木贼属野草的根远比你挖土的深度深，有时会长达1米以上。如果担心遇到这样的情况，可以在地底和基质之间铺一层透水性好、结实的羊毛，这样至少能抑制野草的生长。在放入基质前，疏松地表非常重要，要尽可能深地打通黏重、不透水的土层，然后再铺上一层粗砾石。这样你就能获得一个良好的排水系统，从而避免土壤积水。

3. 将拌好的基质填入深挖过的种植区域。这项工作只能在干燥的天气进行，以防土壤变得黏重。在卸掉一推车基质之前，应把脚踩实的地方挖开。

4. 当基质全部装完并铺好地面时，就可以按照你的种植计划种植植物了。而且如果没必要的话，最好不再踏入种植区域。

上图：常绿大戟和针茅可以忍耐冬季的潮湿，但它们都依赖于渗透性良好的土壤。

合适的基质

　　用来填充地表的基质，一方面要疏松且不含野草，另一方面要能为植物良好的生长提供充足的养分。砾石——也就是破碎的岩石材料，可以提供很好的排水系统。在砾石花园中，适合铺直径为2～32毫米大小的砾石混合物，砾石的占比不能太低，以防土壤不够疏松。通过加入砾石还可以使土壤有更好的通透性。为了使花园中的植物更好地生长，还要在砾石中混入部分肥料，最好使用从附近的肥料厂购买的不长野草的绿色肥料。土壤中肥料的比例越高，植物可吸收的养分就越多。砾石中是否添加大量的肥料取决于对植物的选择以及你的想法：如果希望砾石花园中生长的植物更繁茂，就需要把肥料的比例适当提高一些；如果想让植物活得更久而且不要长得太密，肥料少一点也是可以的。基质中肥料的比例绝对不能超过20%，这样即使土壤看起来贫瘠，那些耐旱性好的植物品种在这种基质中也足以成活。然而如果肥料多一点，那些宿根植物就会长得更茂盛，此外，野草也会出现得更快。

　　对于绝大多数砾石花园的植物来说，6铲砾石混合物添加1铲肥料已经完全足够了，只有少部分变种如火把莲（*Kniphofia*）、百子莲（*Agapanthus*）或藿香‘蓝运’（*Agastache* ‘Blue Fortune’）生长时需要更高的养分含量，但是不必再施用更多的肥料了。砾石中的混合肥料可以多年释放出足够的养分，而且砾石花园中的大部分植物都会不断生根，只需几年就能突破基质层开辟出更大的地下空间。

　　几场大雨过后，地面上的肥料就不剩多少了，它会随着降水渗入地下。地表只剩一层砾石，这使得野草很难发芽，并可防止地面很快被烘干。

在碎石花园中，花菱草、银毛蕊花和花烟在渗透性良好的土壤里生长得十分茂盛，并通过种子不断繁衍。

如何种植砾石花园的植物

春天和初夏是种植你的花园植物的最好季节，即使是敏感的亚灌木和宿根植物在此时栽种也可以生长良好，并能避免冬天时常会出现的大部分问题。在寒冷地区建议给那些娇弱的植物准备一些防寒措施，以确保种植成功。

到了夏天或初秋应该继续寻找植物来填充花园，绝大部分宿根植物都适合在此时种植。在寒冷地区对那些敏感的亚灌木如滨藜叶分药花、银香菊、迷迭香或薰衣草来说，最好先把位置空着，到来年春天再栽种；针茅、白鲜或其他品种的植物也最好到时再补种。在这期间可以用竹竿将这些植物未来生长的位置先围着标出来。种植球根植物倒是不急，最好在种植其他植物的期间栽上。春天或初夏开花的球根植物适宜于秋天种植，夏天或秋天开花的品种应该在晚春栽种。球根植物埋入土壤的深度应该相当于种球高度的3倍。

购买植物

经过认真的土壤准备工作之后，你就可以在网上下订单或者直接购买你心仪的植物品种了。灌木培养基地、林木苗圃或者专业园艺中心都会有大量的货源供你选择。在那里你还可以得到专业的指导。当一些品种没有存货时，也会有人给你推荐合适的替代品。

植物到家后需要浇充足的水，并且在合适的时机尽快将其栽入土中。

严格遵守规划

在你按计划栽入植物之前，将锯末或不同颜色的砾石撒到花坛中形成网格做好种植标记，每一块约1平方米大小。这样做很有用处，可以将植物精确定位。

首先栽种树木，它们确定了花园的框架和结构。然后，分别栽种高大的亚灌木、宿根植物和草。最后是低矮的品种。当所有植物栽入花坛后，要确认植物的次序和距离是否与计划相符。在砾石花园中，一般每平方米栽种不超过9～11株植物。在比较肥沃的土壤里有5～7株植物就足够了。想象一下，像芦草状针茅、白鲜、芸香和其他许多植物随着时间推移会长成多大的一丛。如果你把将来会长得很高大的品种以80厘米的间距栽下之后整个花坛还显得很空旷，这也没什么关系，随

1. 砾石花园中耐旱的品种在栽种之前也要吸收充足的水分。最好将花盆放置在有水的桶或椭圆形的盆中，直到没有气泡升起来。

2. 现在将浸过水的植物从花盆中取出，然后如计划所述将其分栽于花床中。当所有植物都栽种完毕，应该再次检查一下整个局面，此时仍然容易进行修正。

3. 用铲子挖一个大小能够容纳根球的洞。如果根系纠缠在一起，可以用手将这样的根须解开。

着时间流逝，一切缝隙都会填补
上的。

正确地栽培

当你把植物充分浸过水之
后，可以在分栽之前轻松地将其
从花盆中分离。如果根须紧密地
缠绕在一起，可以将外部生长的
根须直接用手解开。将根球上部
的土壤去掉1～2厘米，因为里面
有时会有野草的种子，日后可能
带来很多烦恼。种植时最好从花
床的中心向着四周边缘进行，这
样可以消除你的脚印。之后如果
你想用沙砾或碎石（见第73页）
把土壤覆盖住，栽种植物时埋得
浅一点就可以了。

4. 按压植株周围的土壤，这样根部可以和
土壤更好地联系在一起。植物应该栽得深
一些，根球能够轻易地覆盖底土。

5. 用带花洒的喷水壶进行第一次浇水。这
时候不能浇太多水，否则会把根球周边的
土壤冲刷掉。

6. 在不更换土壤的情况下，你应该最后用
较粗的碎石或沙砾覆盖地面，形成4～5厘
米厚的保护层。这样不仅好看，还能阻碍
野草发芽。

只需少量的养护

一个精心设计的砾石花园不需要太高的养护成本。经过选择的植物一旦成长，在干旱的夏天也不需要去浇水。同样，只在很少的情况下才有必要施一次肥。

但是尽管有了很好的计划和出色的准备工作，砾石花园中还是不能完全没有养护工作。不过，这些必要的工作与照顾装饰型植物和小花坛所需的养护完全不同。铁锹和锄头基本用不上了，因为挖沟和耙地对于砾石或卵石地面来说没有意义——疏松土壤在这里没有必要。

除去杂草

砾石花园除草须知：越早进行除草，必要的花费越少。不要给野草任何机会，尽可能提前清除掉隐患。想象一下，一株蒲公英一次就有多达5000粒种子！因此，所有野草都要尽可能在其开花前，最晚也要在其种子形成前消灭掉。处理时最方便且最好使用的工具是一把蓟草铲或一把镀锌锄头。

而且在砾石覆盖层的帮助下，杂草幼苗的数量明显减少了。但根系发达的杂草还是可以穿透花床的覆盖层扎根，十分麻烦。匍匐冰草、旋花草和田蓟穿过砾石层后生长旺盛，它们可以长期自播繁殖，对花园里的亚灌木、宿根植物和观赏草来说是很大的威胁。但你也不用担心要一直对付这些野草。花园里这些不请自来的客人一出现，你就要尽可能地将其彻底清除掉。这样做大多数时候不会马上成功，你应该在短期内控制住被侵袭的位置。一旦野草再次出现，就可以迅速干涉。只有通过这种方式，才能让根系发达的野草最终逐渐消失。即使这样，有时也会是一个漫长的过程。

允许保留受欢迎的幼苗

养护砾石花园首先意味着控制。对于野草其实比较容易做出决策——清除它。但对砾石花园中种植的"居民"来说，当其发芽或出现幼苗时，是否保留就需要慎重地思考了。没有一条建议是所有地方都有效的。

在有些情况下所有人都同意保留植物的后代：如果你始终清除幼苗，像毛剪秋罗或毛蕊花这样寿命短暂的品种就会从植被中消失。相反，像红缬草以及许多其他的品种就会大量出现，它们会压迫其他砾石花园中的植物，甚至可能完全将其取代。如果你

1. 细茎针茅出现大量幼苗。在那些幼苗成熟后有可能压迫到其他植物生长的地方，需要尽早地除掉新芽，其他位置则可以保留它们。

2. 新鲜发芽的幼苗通常很难识别，等野草长得比较大时就容易处理了，而且还有时间拔除花园植物多出来的部分，如此处的长叶刺参。

3. 用一把蓟草铲来对付像田蓟（如图）、蒲公英等根部扎得较深的野草。一定要把主根全部挖出来，否则土中剩余的部分很快就会再次发芽。

不能及时除去花序，砾石花园中的薰衣草就会自己播种发芽。一个砾石花园正好是一个紧张兴奋的试验场。是否进行干涉，以什么方式和多大强度进行干涉——修剪（见第74页）、除草或添加覆盖层——很大程度上取决于你对砾石花园的想法和认识。

地面铺上砾石或卵石

很多情况下都推荐在砾石花园中铺一层覆盖层：它可以减少土壤水分的蒸发，抑制野草发芽。土壤表面不泥泞，而且在养护过程中会被压实。人们可以在种植前或者种植后直接铺上这样的覆盖层（见第70页）。然而当你把花园的土壤换成适合砾石花园的基质土时（见第68页），就可以省去砾石覆盖层的机械工作了。

在砾石花园中你应该只使用矿物质如岩石碎块、卵石、页岩，或者回收材料如砖瓦碎块作为覆盖材料（见第15页）。因为它们更细小且容易加工为颗粒，推荐使用直径为5～8毫米的砾石或卵石。不要选择更细小的材料，否则会使野草更容易繁殖。当你——比如因为审美的原因——更偏爱比较粗糙的材料，那么最好选择直径为8～16毫米的颗粒。

无论你决定采用哪种材料，只要符合"覆盖层厚度为5～8厘米，每平方米50～80升"的条件就完全足够了。

上图：月见草和南欧丹参在这里共聚一堂，营造出令人惊讶的动人一角。

砾石地面的更新

若干年后，覆盖层的大部分会转移到更深的土壤层中。当植被需要保持疏松的状态时，为了维持石头与植物的比例，应该重新更换砾石覆盖层。这些工作最好在冬末植物修剪之后完成。到时你不需要考虑被除去的植物，可以将砾石或卵石平均分布。但是维护覆盖层也不是一直有必要的。几年后当亚灌木、宿根植物和草类植物几乎完全覆盖住土壤的时候，和野草相比它们更有竞争力，这时候重新施撒覆盖层材料已成为多余。

上图： 冬季之后对薰衣草进行大型修剪，到了夏天再剪掉枯萎的花朵，这样可以使植株保持美丽。

下页图： 只要剪掉枯萎的花朵，就可以限制距缬草的播种。对于林荫鼠尾草来说，一次充分的修剪甚至可以使其再次绚烂地开花。

剪出美丽与活力

　　一把锋利的花园剪是维护砾石花园的重要工具。它有各种不同的用途，几乎全年都被需要，因此是一个长久的伙伴。投资买一把高品质的剪刀也是非常值得的。

　　到了冬末，这个花园里必不可少的工具就等到了它的第一个重大用途。虽然景天、刺芹以及许多草类植物看上去仍然美丽，它们整个冬天都带来了赏心悦目的景致，但当时间来到2月底已经不再有雪的时候，就需要对这些植物进行修剪了，这样可以促进其发出新芽。所有冬季落叶的宿根植物都需要修剪掉最近一年长出的新枝，使其贴近地面。无论你拿的是一把花园剪还是绿篱剪，或者是一把锋利的镰刀，可以随你的心意选择，只要用起来最舒适、最安全即可。在更大的平地上可以使用一台机械驱动的草坪修剪机，用它能够迅速完成工作。在这种情况下，你应该在切削材料上配一把羽毛刷子一起清除杂草。与树林或小花坛的

植物环境不同，砾石花园中尽可能只留下少量的叶子和枝干。不然这些残余物质随着时间流逝会在砾石上形成腐殖质，从而阻碍土壤变干燥，有利于幼苗的生长和繁殖，在浓密直立的植物之间形成大量苔藓。应该避免这种情况发生。

正确修剪灌木与亚灌木

　　一旦不再有霜冻的威胁，春天到了就可以对蓝花莸、大叶醉鱼草或日本胡枝子等灌木以及大量砾石花园中的亚灌木进行修剪了。所有这类灌木都是在修剪后新长出的枝芽上开花，因此要对它们进行重剪，这样可以促进其发芽。如果冬天十分严寒，部分不耐寒的植物会被冻伤，此时需要把冻伤的枝条完全剪掉。在这种极端条件下必须把植物修剪到贴近地面的高度。大多数时候你会感到惊讶，怎么这么快就再次发芽了，同年开花怎么这么美！而其他绝大多数树木几乎没有修剪的必要。胡颓子、茶条枫等只需要极少的修正和疏剪，修剪工作最好在夏末或初秋完成。

　　夏天或者初春是对薰衣草、撒尔维亚、滨藜叶分药花等开花亚灌木进行修剪的季节。一次有规律的重剪（剪掉原本高度的1/3）可以让植物保持健壮和活

力。花后可以将枯萎的花序剪掉。这不只是一个美学的问题，同时也是为了防止幼苗的形成。

少量春天开花的亚灌木如屈曲花、半日花或常绿大戟等需要在花后进行修剪。屈曲花和半日花可以剪短1/3，大戟属植物则要完全除掉枯萎的枝条（见第92页）。

更多修剪方法

具有整形效果的修剪方式可以改善某些植物的外观。当你将德国鸢尾、丝兰或矢车菊的枯枝剪掉时，它们看上去会更加美丽。然而这也不是一定奏效的。同样对于第一次开花后的荆芥或林荫鼠尾草来说，修剪也不是急迫和必不可少的。但彻底修剪后长出的新芽会使其显得十分漂亮。这些植物可以二次开花，并一直到晚秋都非常迷人。把外观修整到什么程度——剪掉弯曲重叠的嫩枝和有害畸形的部位——可以根据你的想法做决定。更困难的是做如下决定：你是否想通过提前修剪凋谢的花朵来阻止各种亚灌木和宿根植物种子的形成。在合适的区域，有吸引力的品种的后代可以提升植被的外观。另一方面，不干涉的话会出现大量幼苗（芽）群，从而形成一片真正的丛林。对于像红缬草或新风轮这些长期开花的品种来说，即使有再大的责任心也不能完全避免其自播繁殖。其他如毛剪秋罗或天蓝牛舌草可以在开花的同时形成成熟的种子。有些宿根植物的种子则完全不能被阻止，但是你可以通过合适的修剪方法将其种子数量降到可以接受的水平。

适合砾石花园的植物

由于土壤相对贫瘠，在砾石花园中常驻的有各种灌木和宿根植物，观赏草也随处可见，来自南方的客人——芳香植物偶尔会来拜访。

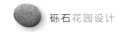

多样性的植物圈

当你在进行砾石花园的布置和造型时，会发现植物世界中有大量的资源可供你尽情地选择，合适的品种丰富得令人惊讶！

在这里，植物种类丰富得令人难以置信。其中一部分是木本植物，另外也有不少草本植物。根据不同的植物特性，我们可以将其划分为树木（灌木和小乔木）、亚灌木、宿根植物和球根植物。树木可以在离地很远的位置发芽开花；亚灌木则在距离地面仅1~2米高的位置发芽，这样能更好地防风，下雪时还有利于防寒。相反，宿根植物在地下或地表发芽，而球根植物则完全藏于地底。

大自然告诉我们，森林会随着干旱程度的增强而变得稀疏。干旱程度更强时，树木和大型灌木就会完全消失，当地的植被就会由矮生植物，特别是能够适应恶劣环境的植物构成。此时，亚灌木、宿根植物，以及一年生植物，如球根植物就占据了统治地位。这也证明了砾石花园的优势所在：即使在小空间内也有大量合适的小型植物以及不同形态的品种可供选择。少数小型乔木和生长不过于茂盛的灌木构成了花园的框架；亚灌木和宿根植物成为主要演员，在以树木为布景的舞台上进行表演；球根植物则是配角，仅在固定的季节露一下脸。

为植物画像

丰富的植物选择几乎完全足够建造一座砾石花园了。在接下来的篇页中会为你按照树木、亚灌木、宿根植物、草类植物以及球根植物的顺序介绍大批经过挑选的适合的植物品种。每种植物旁都附有对其花朵、生长方式、养护知识的详细说明，以及合适、迷人的伴侣植物的搭配建议，为植物品种的选择和砾石花园的构建减轻了负担。

上图：小树丛构建了花园的空间，并为其他小伙伴的演出搭建了舞台。

众多的亚灌木和短期造访者为这座砾石花园的复苏与生物多样性做出了贡献。

举足轻重的树木

树木是植物界中最高大和最显著的存在。它连接着天空与土壤，光是其高耸的树干和巨大的树冠就足够迷人了。

但在砾石花园里，你最好还是选择那些生长缓慢、体形较小的树木品种，这样才不会产生巨大的阴影，也不会过于压迫周边的植物，如亚灌木、宿根植物、球根植物等。这些植物在砾石花园中会给人很美好的感受，但当它们与枝叶繁茂的树木成为邻居时，由于得不到它们所需要的大量光照，生长能力就会大大减弱。为了有效地划分花园空间，突出平台、曲径或其他要素，你只要种植一些小乔木或稍大一些的灌木就完全足够了。在这些体形较小的树木下面，有大量枝繁叶茂的植物品种可供选择，而且都很适合砾石花园。

需要注意的是，在开始挑选树木时，应把树丛对环境的需求与砾石花园中亚灌木、宿根植物、草丛的各自需求尽量统一起来。比如倾向选择那些耐贫瘠、耐干旱的变异品种。下文中推荐的许多品种都适合在贫瘠且疏松的土壤中生长，否则不仅在秋季难以成熟，之后还容易受到严寒霜冻的伤害，因此把它们栽种在温暖、疏松的位置会更加耐寒。你还可以通过植物暗绿色或灰色的叶子来识别出合适的品种，因为这种叶子可以阻止水分大量蒸发，使植物更加耐旱。这些树木品种会以最佳的方式与砾石花园中的其他植物和谐相处。还有一些硬叶常绿的品种，在冬季色彩上与周围植物会形成一种鲜明的反差，这样即使花期结束也能让花园看起来生机勃勃。总之，这些挑选出来的树木都是常绿的，会让你的砾石花园在冬季也能成为一幅诱人的画卷。

开始阶段的养护

尽管本书介绍的树木品种都很容易养护，对水的需求也不大，但在刚种下的前几年里，还是应按照植物的需求进行浇灌。开始时，植物长势良好，需要把水浇足；之后，许多品种就不再需要养护了。只有少数品种如蓝花莸或醉鱼草还需要定期修剪，以便再次开花。

左图：圆柱形树木外形就像感叹号，投影面积较小，可以成为众多植物的伴侣植物。

落叶开花灌木

◁ 互叶醉鱼草　*Buddleja alternifolia*

开花：浅紫丁香色，6月

株高：3~4米

这种优雅的醉鱼草，属于多年生灌木，生性十分耐寒。它生长茂盛，有着如瀑布般悬垂的枝叶，到6月会开出大量如薰衣草一样颜色的花朵，非常受人欢迎。互叶醉鱼草的叶子是灰绿色的，显示其耐旱、耐高温的属性。能与同样开紫色花的德国鸢尾、薰衣草、荆芥、蒿类植物和欧洲异燕麦一起构成美妙的画面。为了开花更胜，可以在7月初将它枯萎的树枝剪掉大约1/3。此外，每隔几年修剪一下它近地的老枝就足够了。

▷ 大叶醉鱼草　*Buddleja davidii*

开花：从紫色到白色，7—9月

株高：1.5~4米

无论紫色、粉红色、紫红色或白色，各种颜色的大叶醉鱼草都是一道赏心悦目的风景，到了盛夏还会像磁铁一样吸引大量翩翩飞舞的蝴蝶。为了开花更加繁盛，春天时适宜将这种灌木修剪掉1/3左右；而当种子开始发芽时，则应考虑将其原来枯萎的花序摘掉。大叶醉鱼草还有一些可靠的品种，如开深紫色花的'非洲皇后'（'African Queen'），开粉红色大花的'粉色喜悦'（'Pink Delight'）和开白色花的'白色花束'（'White Bouquet'）。另外，紫花醉鱼草（'Loch Inch'）开淡紫色小花，叶子为灰绿色。这些品种都适合与藿香、银叶艾和鼠尾草一起组合。

◁ 蓝花莸　*Caryopteris × clandonensis*

开花：蓝色，8—10月

株高：70~120厘米

这种晚开花的莸属植物是砾石花园中十分珍贵的灌木品种。蓝花莸的叶子带有香味，呈暗淡的灰绿色。它的花生有唇形花冠，长在茂密、排列松散的螺旋状枝叶中。为了让它更好地开花，适宜在早春对其进行较强的修剪。修剪时，最好是剪掉它离地30厘米以上的茎条或者修剪至原长的1/3。在恶劣的条件下应对这种灌木加以保护，比如放在南墙前。蓝花莸有一些美丽的品种，如'天蓝'（'Heavenly Blue'），株型松散，开正蓝色花；'蓝雀'（'Blauer Spatz'），株型紧凑，开深蓝色花；开浅蓝色花的'夏季雪葩'（'Summer Sorbet'）叶子有黄边。

◁ 鱼鳔槐　*Colutea arborescens*

开花：黄色，5—9月

株高：2~3米

鱼鳔槐株型圆整，有着黄色的蝴蝶形花冠、掐丝一样脉序的叶子和灯笼形的荚果，十分具有观赏性。这种植物值得关注的是它漫长的花期，在一株灌木上经常可以看到盛开的花朵和先呈肤色、后变红色的荚果同时存在。可以证实的是，这个品种生长在渗透性好、石灰质的砾石土壤中要比在较厚重的黏性土壤中耐寒得多。适合与其一起组合的植物有大花银莲花、肾叶老鹳草以及糙苏。为了能够保持魅力，最好每隔两三年做一次修剪，直接将其地面上最老的枝条去掉就好。

▷ 紫花金雀儿　*Cytisus purpureus*

开花：紫色，5—6月

株高：40~70厘米

紫花金雀儿是一种非常好养的小型灌木，十分适合与耐旱的亚灌木和宿根植物一起组合种植，比如开粉红色或紫色花的德国鸢尾、血红老鹳草或石竹，它们在色彩上搭配得很好。这种逐渐蔓延的灌木到了花期会展现出最好的一面，到时它的枝条上会开满紫粉红色的蝴蝶形花朵。你还可以把紫花金雀儿的枝条悬挂在楼梯或者护栏上，这样会显得格外迷人。为了保持它美丽的一面，只需偶尔修剪掉一些老枝即可。

◁ 西班牙染料木　*Genista hispanica*

开花：黄色，5—6月

株高：40~70厘米

西班牙染料木是一种迷人却又多刺的家伙！这种茂密多枝的矮灌木到了花期会盛开深黄色的蝴蝶形花朵。它与婆婆纳、蓝色亚麻或荆芥一起搭配会形成美妙的反差对比，和同样开黄花的大戟、委陵菜搭配在一起很和谐。西班牙染料木相近的变种有辐枝染料木（*Genista radiata*），也同样开黄花、有小刺，但株型略大。二者都偏重石灰质的土壤。而开黄花的矢状染料木（*G.sagittalis*）和染料木（*G.tinctoria*）更适合酸性土壤。

◁ **多枝柽柳** *Tamarix ramosissima*

开花：粉红色，6—9月

株高：2~3米

一种长势疏松的灌木，低垂的新枝显得十分优雅。盛夏时，披着灰绿色叶子的树木装饰着长长的花序，与其他矮生植物一起种植相得益彰。适合搭配的植物有牛至、距缬草、林荫鼠尾草。春柽柳（*Tamarix parviflora*）在5月份就会开花，需要更大的生长空间。修剪时，要将枯萎枝条上的侧枝大量剪掉，如果整个灌木过度蔓延的话，也要进行重剪，彻底清除掉过于衰老和脆弱的枝条。

▷ **粉绿叶蔷薇** *Rosa glauca*

开花：粉红色，6月

株高：2~3米

这种野生蔷薇被引进的原因不只是它粉中带白的花朵，那泛着柔灰色的叶子也很具观赏性。因此，它非常适合与同样灰叶型的植物如滨藜叶分药花、薰衣草、绵毛水苏以及蒿类植物等一起搭配。到了早秋，树上结满粉红的蔷薇果，装饰感十足。每隔几年，就需要将地面上最老的枝条除掉。同样耐热、耐干旱的香叶蔷薇（*Rosa rubiginosa*）花朵为鲑鱼红色，夏天过后，其草绿色的叶子会散发出一种水果芳香。

◁ **日本胡枝子** *Lespedeza thunbergii*

开花：紫色，9—10月

株高：1~2米

日本胡枝子为一种十分出色且色彩鲜艳的秋季开花植物。它有着巨大的穗状花序，花期也相当长，直到第一次下霜才结束。这种小型灌木长长的低垂的枝条会形成优雅的画面。日本胡枝子在疏松、缺氮的土壤中，比在黏性土壤中开花性更好，十分适于砾石花园。这种植物通常会受到霜冻的严重伤害，最好在春天进行彻底修剪，这样到了秋天新长出的枝条上才能开出大量鲜艳的紫色花朵。

其他小乔木与大型灌木

▷ 南欧紫荆 *Cercis siliquastrum*
　开花：紫色，4—5月
　株高：4~6米

　　迷人的开花树木，叶子萌芽前就可以开花，紫粉色的蝴蝶形花朵甚至直接长于树干上。圆形的叶片同样也很漂亮，连棕色的果壳都有一点观赏价值。这种植物最好在显著位置依次种植，其年幼时就像很多大型灌木或小乔木一样畏惧严寒，但成熟后几乎不再受到损害。尽管如此，在寒冷地区还是要将这种树木种在一个相对温暖的地方，如南墙前或类似天井的四方场地。

◁ 茶条枫 *Acer ginnala*
　（syn.*Acer tataricum* subsp. *ginnala*）
　开花：黄白色，5月
　株高：5~7米

　　茶条枫会成长为一种壮观的灌木或小乔木，需要占用不少空间。它通过早期鲜绿的枝芽、芳香的花朵、红色的果实以及秋天时烈焰一般的橘红色调而受到人们的关注。这种来自亚洲的树木在炎热和短期干旱的条件下也能生长良好。茶条枫也可以作为高大树木与剑桥老鹳草、蓝雪花、葡萄风信子等矮小植物一起种植。对它来说，修剪几乎没有必要，如果想要去除少数的几根树枝，晚夏是最好的时间。

▷ 黄栌 *Cotinus coggygria*
　开花：黄绿色，6—7月
　株高：3~4米

　　这种树木秋天时呈现出橘黄色调，十分迷人。它发芽较晚，但圆形的叶片、发丝状的花序和果序都非常具有观赏性。这种耐旱的树木更适合在温暖甚至干燥的地区生长，非常适宜不定期的修剪。确定好修剪方式后，最好在冬季末完成。在砾石花园中，有紫色叶子或黄色条纹的品种需要慎重引进，它们的颜色太过鲜艳，有时会显得比较另类。

▷ 沙枣 *Elaeagnus angustifolia*

开花：白黄色，6月

株高：4～7米

沙枣泛着银色的叶子非常适合砾石花园。这种生长不太规律，甚至有些奇怪的小乔木的花虽然不显眼，却能散发出一种令人极其愉悦的香味。花园里的空间对于沙枣来说可能不足，可以用体形较小的木半夏（*Elaeagnus multiflora*）来代替。灌木型的木半夏高和宽都最多只有3米，它那多汁的果实比起沙枣的粉状果肉要酸得多。适合一起搭配的植物有蓝花荻、滨藜叶分药花、蒿类植物和春黄菊。

◁ 栾树 *Koelreuteria paniculata*

开花：黄色，7—8月

株高：6～8米

这种迷人的小乔木或大灌木，凭借黄色的圆锥花序和鼓鼓的灯笼形果实而受人喜爱。到了秋天，栾树的羽状叶子呈现出橘黄色至棕黄色，格外引人注目。它微红的叶芽萌发得较晚，此时整个树丛都会显得通透，也为林下的植物保留了充足的阳光。当栾树自由生长而不必和其他树木竞争时，其外形会发育得尤为醒目。栾树年幼时，植株可能会受到严寒的伤害，因此在寒冷地区种植需要提供适当保护。

▷ 柳叶梨 *Pyrus salicifolia*

开花：白色，4—5月

株高：5～7米

这种如画般的小乔木，主要因美丽的外形和银绿色的叶片而被种植。它的新枝就像瀑布一样挂在水平的主枝上，再加上细长柳叶形的叶片，形成一幅优雅的画面。其品种'悬垂'（'Pendula'）的枝条更长。该树种形态优美，在单独位置上种植最能体现其优势。与薰衣草类的亚灌木、开白花的宿根植物以及草类植物一起组合能构成迷人的花园景观。蓝麦草、欧洲异燕麦、圆锥石头花和白色德国鸢尾同样都是很好的搭配植物。

常绿树木

▷ **欧洲刺柏** *Juniperus communis*
开花：不明显
株高：0.3～6米

这种欧洲当地的刺柏存在着众多品种，有许多不同的生长特征。在砾石花园中最值得推荐的是瘦长型或矮生型品种。如'爱尔兰'（'Hibernica'），呈圆柱形，高约4米，在花园中最好种上两三株，与圆形、松散生长的黄栌或者枝条如丝般的柽柳可以形成对比。'绿地毯'（'Green Carpet'）只有大约30厘米高，看上去仿佛地毯一般。

◁ **锦熟黄杨** *Buxus sempervirens*
开花：黄色，4月
株高：0.5～6米

少数品种叶子四季常青，即使在寒冷地区的冬季没有保护也能安全度过。黄杨革质的叶子可以抵抗炎热与干旱，而它较深的颜色也能和浅色的植物形成出色的反差。在花园中，它既能自由生长，也可以修剪出造型。因此要到4月底新枝成熟后，才可以修剪。矮化品种（'Suffruticosa'）的叶子呈暗绿色，'蓝色海因茨'（'Blauer Heinz'）的叶子为蓝绿色。两者生长缓慢而浓密。木本品种（'Arborescens'）生长较快，能长到高、宽各3～4米。

▷ **叉子圆柏** *Juniperus sabina*
开花：不明显
株高：1～2米

这种丛生的灌木对生长条件要求不高，鳞状的叶子呈暗绿色。它能快速繁衍，但也好修剪。由于叉子圆柏的颜色较深，因此很适合作为开浅色花朵的宿根植物和亚灌木的背景植物。四季常绿的它在冬季也是花园中的焦点。滨藜叶分药花、蓝花鼠尾草和常绿大戟都是它很好的搭配植物。品种'柽柳叶'（'Tamariscifolia'）的叶子为针形，个头较矮，生长也比较缓慢。还有平枝圆柏（*Juniperus horizontalis* 'Glauca'）是贴地生长的。

▷ 落基山圆柏 *Juniperus scopulorum* 'Skyrocket'

开花：不明显

株高：6~8米

这种常绿针叶木因其圆柱形身材和蓝灰色调给人留下深刻印象。把它安置在显眼的地方就像一个巨大的感叹号。单独一株效果还不明显，最好是在砾石花园中种上一小组。圆柏'蓝色阿尔卑斯'（*Juniperus chinensis* 'Blue Alps'）有着同样蓝绿色的叶子，这种圆柏不规则丛生，高3~4米，宽2米。它显得更加自然而不严肃。玉山圆柏'蓝色地毯'（*Juniperus squamata* 'Blue Carpet'）是一种只有20厘米高、约2米宽的矮生灌木。

◁ 地中海荚蒾 *Viburnum tinus*

开花：白色，3—4月

株高：2~3米

这种来自地中海地区的灌木只有在温暖的地方才能过冬。在气候寒冷时最好将其种在东墙前，并在霜冻的时节用羊毛帮其防晒。这种密集丛生的植物的迷人之处在于其四季常青的枝叶、在温和的冬日里偶尔提前开放的花，以及这些白花散发出的淡淡香味。成熟的植株非常容易养护，能顺利度过干旱季节而且好修剪，最好是在年初或花刚谢就直接修剪，这样新枝已成熟而且也不会受霜冻伤害。

▷ 波斯尼亚松

Pinus leucodermis 'Compact Gem'

开花：不明显

株高：3~4米

抵抗力强的松树在砾石花园中的作用举足轻重。这种波斯尼亚松有着浓密的、黑绿色针形外表，生长缓慢而紧凑，非常容易养护。但是这种植物需要自由生长的空间，而且不能被遮挡。作为替代选择，欧洲黑松（*Pinus nigra*）值得推荐。它寿命更长，生命力更强，暗绿色的针叶会形成紧密的球状。还有灌木型欧洲赤松（*Pinus sylvestris* 'Watereri'），大约5米高，叶子为蓝绿色。

亚灌木——迷人又有用

亚灌木既不属于灌木，又不属于宿根植物，更准确地说是植株高矮介于两者之间的一种植物：多年生品种，在地面形成木质基础结构，每年从中萌发出草本的枝条。大部分喜光的亚灌木来自地中海地区，另外一部分来自中亚，它们可以抵抗夏季的暴晒和干旱，大多数生长在疏松的卵石或砾石地面。这类植物中最知名的代表是薰衣草、百里香、蒿类植物、鼠尾草或迷迭香。它们喜爱阳光温暖的环境，完全适合在砾石花园中种植。在炎热的日子里，花园中会洋溢着它们的芳香，让人仿佛置身于南方。除此之外，许多品种还可以作为烹饪用的香料。

冬季保护与修剪

砾石花园中有许多适合亚灌木生长的理想条件。像冬季在黏性土壤中常遇到的问题，在砾石花园疏松的土壤中生长的亚灌木几乎很少碰到。但是有些亚灌木在冬天仍然需要一些照料和养护，它们中的大多数是四季常青的品种。当土壤被冻结时，需要用松树枝或羊毛松散地覆盖这类亚灌木的基部，以防冬季的阳光暴晒。这是因为如果没有保护措施，植物会在有阳光却寒冷的时节由于蒸发而失去大量水分，又无法从冻结的土壤中吸取，从而出现明显的干旱症状。这些覆盖物不仅可防寒，更重要的是用来防止这种所谓的"冻旱"。但是覆盖时间也不能太早，否则会面临腐烂等疾病侵袭的威胁。当雪下得足够大时，就不需要这些覆盖物了，因为厚厚的雪层会保护植物。冬季过后，应对亚灌木进行彻底的修剪。当每年早春把薰衣草或其他植物修剪掉1/3时，它们会生长得更加紧凑和富有活力。否则它们会形成长长的枝条，而底部却很快变得光秃，之后小灌木丛会过早地衰老。对于生长力强的品种不要担心大力修剪，它们有令人惊异的再生能力。首先可仅除去过老的枝条，然后观察萌芽的力量够不够强，如果仍显得生机勃勃，就可以在来年更加严格地修剪。在花期结束时，可以再次使用花园剪或绿篱剪来剪掉枯萎的花茎。

左图：枝繁叶茂的鼠尾草和薰衣草：适合砾石花园的亚灌木品种众多。

银叶和蓝叶亚灌木

◁ 青蒿 *Artemisia abrotanum*

开花：黄色，7—9月

株高：40~80厘米

芳香型亚灌木。它的叶子不仅可供观赏，磨碎后还能散发出浓郁的香味。这种灰绿色的丝状叶子还可以在厨房里用作肉菜的一种辛辣调味料，但使用时要适量！南木蒿的小花则不很显眼。为了使这种观叶植物保持强健和活力，冬季结束时应彻底进行修剪。它适合与德国鸢尾、林荫鼠尾草、圆锥石头花、欧洲异燕麦一起搭配。

▷ 中亚苦蒿 *Artemisia absinthium*

开花：黄色，7—9月

株高：40~80厘米

这种观赏型亚灌木浅银色的叶子使得它全年都很迷人。它的叶子为羽毛状，看上去格外优雅；相对而言，它的花则没什么可看的。在冬季天气晴冷时，最好在植株基部松散地覆盖一层松树枝，到了来年春天再进行大幅修剪。这种蒿草非常适合调和不同色彩鲜艳的植物，和德国鸢尾、春黄菊、牛眼菊或黄日光兰搭配时可以提供一种华丽的补充色。其品种'波伊斯城堡'（*Artemisia* 'Powis Castle'）非常具有装饰性，叶子为明亮的银色，纤细而分叉。蒿类植物在寒冷的冬季都需要一些轻度保护。

◁ 薰衣草 *Lavandula angustifolia*

开花：淡紫色、紫罗兰色、粉红色、白色，7—8月

株高：20~60厘米

所有薰衣草品种都十分耐寒，是一种非常受欢迎且用途广泛的芳香植物。它有多种搭配方式，同时也很适合作为小树篱或花园区域的边界，因此必须定期修剪，最好的时间点是在冬季末，花期过后只需要清理花茎即可。薰衣草品种非常多：'蒙斯特'（'Munstead'）生长结实，花朵颜色较浅；'蓝色希德克特'（'Hidcote Blue'）生长缓慢，花色为迷人的深蓝紫色；'蓝色矮人'（'Dwarf Blue'）身材娇小；'阿尔卑斯之光'（'Lumieres des Alpes'）有淡紫色的唇形花朵和暗蓝色的花萼；'凯瑟琳小姐'（'Miss Katherine'）开粉红色花，株高能达到60厘米。

▷ 荷兰薰衣草 *Lavandula × intermedia*

开花：淡紫色、紫罗兰色、粉红色、白色，7—8月

株高：40～80厘米

荷兰薰衣草比普通薰衣草要高一些，生长更强劲，除此之外它的叶子也更宽。在法国南部，人们用它提取香精。这个杂交品种不耐寒，天气恶劣时一定要在其基部盖上枯树枝保温。适合与银香菊、丝兰、红缬草以及臭草一起搭配组合。品种'格拉彭霍尔'（'Grappenhall'）极为耐寒，以淡紫色的花和浅银色的叶子而受到人们喜爱。'雪绒花'（'Edelweiβ'）的花朵为白色。'格罗索'（'Grosso'）开紫蓝色花，开花较晚但花期长。

◁ 滨藜叶分药花 *Perovskia atriplicifolia*

开花：淡蓝色，7—10月

株高：60～100厘米

覆有白色茸毛的枝条、带有芳香的灰绿色叶子和浅蓝色穗状花序使得滨藜叶分药花格外引人注目。但是随着时间推移，这种植物会快速形成幼苗，从而占据越来越大的空间。它适合与欧洲异燕麦、蓝麦草、蓝花荵、薰衣草、麻菀、西格尔大戟等一起搭配种植。在严寒的冬天，滨藜叶分药花可能会受到伤害，但只要在早春时及时进行彻底的修剪，情况就不会太严重。其品种'蓝塔尖'（'Blue Spire'）开更浓烈的蓝色花，'小塔尖'（'Little Spire'）则生长得更紧凑。

▷ 芸香 *Ruta graveolens*

开花：黄色，6—7月

株高：40～60厘米

这种带有芳香的亚灌木在花园中不仅可以观花，还适合观叶。冬季结束时对其进行修剪，这样也许能使受到冻害的枝条重生。在接触芸香时一定要戴上手套，如果皮肤沾到它的挥发性油液，并且暴露在太阳下，就会导致严重的皮疹。芸香适合与德国鸢尾、蒿类植物、林荫鼠尾草、亚麻类植物一起搭配组合。'杰克曼之蓝'（'Jackman's Blue'）是一种有着特殊魅力的品种。它的叶子冬季常青，颜色也更蓝一些。

▷ 柠檬百里香 *Thymus × citriodorus*
开花：淡粉红色，6—8月
株高：15~25厘米

这种小型灌木的细小叶子在磨碎后会散发出一种类似柠檬的味道。在光照太强或严寒的日子可以用蓬松的枯树枝覆盖其基部，以达到遮挡太阳辐射和保温的目的。它有一些非常迷人的观叶变种。'银色国王'（'Silver King'）叶子有白边。只有10厘米高的杂交品种'多瑙河谷'（'Doone Valley'）叶子上有黄斑。柠檬百里香适合与蓝羊茅、绵毛水苏、矮生的荆芥一起种植。法国百里香（*Thymus vulgaris*）户外种植时只能在温暖的地方生长，作为更耐寒的替代品种可以选择'香吻'（*Thymus* 'Duftkissen'）。

◁ 撒尔维亚 *Salvia officinalis*
开花：蓝紫色，6—8月
株高：30~60厘米

这个来自地中海地区的品种是一种用途非常广泛的香料和药用植物，还有着很高的观赏价值。由于太老的植株不够耐寒，所以需要定期清理修剪。它有很多品种：'山区花园'（'Berggarten'）有着引人注目的阔叶，开花但花量很少，非常耐寒；'紫癜'（'Purpurascens'）呈紫红色，'黄斑'（'Icterina'）叶子有黄边。后两个品种在天气恶劣的条件下需要一些防冻保护。西班牙鼠尾草（*Salvia lavandulifolia*）的叶子狭长，有着良好的耐寒性。适合一起栽种的植物有薰衣草、百里香、艾属植物、景天植物以及阿特拉斯针茅、欧洲异燕麦之类的草本植物。

▷ 银香菊 *Santolina chamaecyparissus*
开花：黄色，6—8月
株高：40~60厘米

银香菊因其四季常青的银色叶子和不计其数的黄色花冠而显得十分别致。由银香菊牵引和修剪成的矮树篱已成为花园中的经典造型。为此每年早春都要进行修剪，开花之后要及时除掉花序。寒冷地区容易出现霜害，因此分开种植比较好。薰衣草、鼠尾草、鸢尾和矮生刺柏属品种都是适合与其搭配的植物。绿叶银香菊（*Santolina rosmarinifolia*）有着类似的外形，但叶子呈暗绿色，花朵颜色较浅。

绿叶亚灌木

◁ 常绿大戟　*Euphorbia characias*

开花：蜜黄色，4—6月

株高：60～100厘米

这种壮观、传播力强的冬青型亚灌木在温暖的地区可以顺利越冬。在寒冷地区，最好给这种富丽堂皇的植物增加一些防风措施，如建一面南墙。到了霜雪严寒季节，可以用松枝将其基部松散地盖住。在排水良好的砾石花园中，常绿大戟不会遇到冬季土壤潮湿的问题。开花之后，应将近地面的枯枝修剪掉。注意：所有大戟类植物都会分泌一种有毒的乳液，与皮肤接触会引起发炎或皮疹，所以在大戟类植物的种植养护工作中必须戴上手套。

▷ 常青屈曲花　*Iberis sempervirens*

开花：白色，4—5月

株高：20～40厘米

这种常青型亚灌木在早春就能开出大量白花。花谢之后可以将其修剪掉1/3，这样它才会保持密集和美丽。因为其良好的易修剪性，所以非常适合规则式设计的砾石花园。它能和德国鸢尾形成出色的外观对比。土耳其郁金香、四棱大戟、亚美尼亚婆婆纳都是适合与常青屈曲花一起搭配的植物，它们基本同时开花。经过考验的品种包括30厘米高的'雪花'（'Snowflake'）和较矮的'矮雪花'（'Zwergschneeflocke'）。

◁ 神香草　*Hyssopus officinalis*

开花：深蓝紫色，7—8月

株高：30～60厘米

神香草的叶子为暗绿色，夏季大量开花，蓝紫色的唇形花朵组成了穗状花序。这种香味馥郁的植物四季常青，在冬季也很可观。为了使它能更加强健地生长并延长生命周期，春天要对其进行彻底修剪。神香草因为其花色可以有很多种组合。荆芥、阿尔卑斯蒿、三脉香青等灰叶宿根植物与暗绿色叶子的神香草也可以相得益彰。品种'蔷薇'（'Roseus'）开粉红色花，'铅白'（'Albus'）开白色花。神香草能吸引大量蝴蝶和野蜂。

◁ 迷迭香 *Rosmarinus officinalis*
开花：蓝紫色到白色，5—6月
株高：40～120厘米

迷迭香既是一种四季常青的观叶观花植物，又是一种很常见的厨房调料。在温暖地区只有少数品种可以无保护地自由栽培。其年幼的植株比成熟植株更易受伤害。在寒冷地区要将其种在南墙前或在冬日盖上松枝保护。因为迷迭香很容易被修剪，可以把它作为植物墙，牵引到房屋墙壁上培养。最好在冬末进行修剪。品种'阿尔普'（'Arp'）和'魏恩施特凡'（'Weihenstephan'）比其他品种更耐霜寒，二者都开浅蓝色花。

▷ 冬香薄荷 *Satureja montana*
开花：白色到淡紫色，8—9月
株高：25～35厘米

这种来自地中海地区的冬青型亚灌木耐霜寒，到夏末才开花。它明亮的唇形花朵松散地呈螺旋形排列。为了让植株保持强健，同时株型不过于松散，应在早春进行彻底修剪。这种多年生薄荷的叶子可以作为很好的香料使用。在花园里，它适合与绵毛水苏、蓝羊茅、景天一起搭配种植。它的亚种（*Satureja montana* subsp. *illyrica*）只有15厘米高，花色更加鲜艳，为紫红色。

◁ 粉花香科科 *Teucrium × lucidrys*
开花：紫粉红色，7—8月
株高：30～50厘米

这种亚灌木以茂密的暗绿色叶子而出众，其紫粉红色的唇形花朵与叶子形成鲜明对比。粉花香科科大部分耐霜寒，叶子四季常青，到了冬天也很好看。通过定期修剪使其保持小型树篱的外形，以便更好地嵌入花园景观。在自然造型时，粉花香科科适合与贴地生长的百里香、牛至、卷耳、紫花石竹组合种植，每2～3年修剪一次即可。

适应力强的宿根植物

宿根植物的世界绝对丰富多彩。无论是在海滨，还是在高山上，甚至是在水里——只要是大自然中，几乎到处可以遇到各式各样迷人的宿根植物。

在砾石花园中，宿根植物也扮演着重要的角色。这些多年生草本植物，一年四季在花园里诠释着自己特有的生长节奏。每年的春天它们都要从地表破土而出，悄悄地发芽壮大。随着生命进程的推进，它们开花、结果，一直到了冬季，落叶植物的枝叶逐渐枯萎凋零，只有常绿植物依然还在坚持。在砾石花园中，适应力强的植物格外受欢迎。它们喜欢透气疏松的土壤，到了夏天则要抵抗干旱和炎热的双重考验。这也就难怪区域里占统治地位的是那些强壮，通常为矮生、带有灰色叶子的变种植物。

每种宿根植物的寿命不同，像芍药（见第96页）可以活很多年，而牛舌草或春黄菊（见第108页）通常种植后2～3年就会枯萎。在新布置的花园中种植这些植物是很有价值的，它们在种植后会很快开花繁盛，然后结出大量种子。这些种子能够传播到其他植物之间的空地上生长，这样保证了该种植物的繁衍。与之相反，多年生植物则需要更长的时间，但这也使其成为花园中的支柱型植物。

适时修剪

秋天过去后，景天（见第103、123页）、菁草（见第114页）和其他宿根植物的果序看上去也很迷人，与观赏草一起的组合更是冬天里令人印象深刻的画面。宿根植物不用太早修剪，冬季末期，只要在球根植物分芽繁殖之前对其地上部分直接进行修剪即可。但有些品种除外，如红色矢车菊、银叶艾等，它们会被冬天的第一场雪压倒，所以秋天你就可以拿起剪刀动手了。对于播种能力强的宿根植物，应在开花末期摘掉已经凋谢的花，以防它过快地传播繁衍。

令人印象深刻的外形

▷ 黄日光兰 *Asphodeline lutea*

开花：黄色，5—6月

株高：90~110厘米

黄日光兰只凭一己之力就可以使砾石花园的画面丰富起来。到了春天，它的总状花序会从其如草般的常青叶丛中脱颖而出。之后，它黄色的花朵就会长出球形的果实。黄日光兰只要果序结实，就无须修剪，整个冬天都会富有观赏性。这种带有蓝绿色叶子的植物最好和矮生植物一起搭配，如矮小的景天品种、低矮的艾属植物、贴地的百里香品种等。

◁ 藿香 *Agastache rugosa*

开花：紫色，7—9月

株高：60~90厘米

藿香的穗状花序会绽放数周之久，十分迷人。最好将其种在疏松但不贫瘠的土壤中，它会长出许多幼苗。如果不想忙于除苗，可以选择其不育的品种'蓝色幸运'（'Blue Fortune'）来种植。它迷人的叶丛可以保留整个冬天，直到春天再行修剪。昆明羊茅或欧洲异燕麦等草本植物可以与坚挺直立的藿香形成美丽的对比，叶苞紫菀、矢车菊、山桃草与其在色彩上十分和谐。品种'雪花石膏'（'Alabaster'）开白色花，但不够强健且大多数短命。

▷ 海滨两节荠 *Crambe maritima*

开花：白色，5—6月

株高：40~60厘米

海滨两节荠既能开出令人印象深刻的花，同时也是观叶植物。它丰满的蓝灰色叶子与砾石花园中其他宿根植物纤细的叶子相比简直是两个极端。海滨两节荠适合与德国鸢尾、西格尔大戟以及所有草类植物搭配。这个品种的白色花朵与许多植物搭配在一起都很和谐。还有一种心叶两节荠（*Crambe cordifolia*）可以长到近2米高。当供给充足时，最好能施一些长效肥，这个品种就可以在砾石花园中很好地生长。这种巨大的宿根植物以其同样巨大的黑绿色叶子和云一般的花簇给人留下无比深刻的印象。

引人注目的尤物

◁　白鲜　*Dictamnus albus*
开花：粉红与白色相间，5—6月
株高：70~90厘米

　　这是一种壮观且寿命长的欧洲本土芳香植物，生长缓慢，在给它足够的空间和时间后，会一年比一年美丽，一直大量开花。特别是在阳光明媚、温暖的日子里，白鲜暗绿色的羽状叶子会散发出一种柠檬般的香味。它适合与血红老鹳草、亚麻、圆果吊兰、百里香一起搭配。白鲜除了在冬季结束时修剪一次外就几乎不需要其他养护了。注意工作时一定要戴手套，因为皮肤直接接触这种植物时会出现灼伤的症状，就像被太阳晒伤一样。

▷　德国鸢尾　*Iris* Germanica-Gruppe
开花：蓝色、淡紫色、紫罗兰色、粉红色、白色、黄色、橘红色、棕褐色、铁锈色，5—7月
株高：40~120厘米

　　德国鸢尾拥有几乎所有的色调，许多品种一株花上就有两至三种颜色。为了让它们更好地开花，最好施一些长效肥，花期过后，再对其花茎进行修剪。德国鸢尾具有挺直的外形和暗绿色的剑形叶子，与水平或灌木状生长的植物搭配在一起会更引人入胜，比如百里香、绵毛水苏、薰衣草、银香菊、鼠尾草。

◁　细叶芍药　*Paeonia tenuifolia*
开花：血红色，5月
株高：50~70厘米

　　在砾石花园中，这种来自欧洲东南部的芍药在花期时成为一道真正令人赏心悦目的风景。它能长出贝壳形的大花，暗绿色的丝状叶子也同样招人喜欢。到了夏天，叶片会变黄、收拢。为了更好地观赏芍药，需要给它充足的空间，同时不能让松土或挖沟影响到它。这样，花丛就会变得一年比一年漂亮。非常适合与其组合搭配的植物有各种针茅、花葱、圆果吊兰以及北疆风铃草。

◁ 拟鸢尾 *Iris spuria*

开花：紫色、蓝色、白色、黄色、橘红色、棕褐色，6—7月

株高：80~140厘米

这种清高的宿根植物需要过几年才能完全盛放，有着高耸的外形和长长的带状叶子。品种'炼金药'（'Elixir'）的花为金黄色，'齐柏林伯爵夫人'（'Countess Zeppelin'）为赤褐色，'首相'（'Premier'）为紫色。这种鸢尾适合9月种植，栽种时保证其根状茎位于地下10厘米深处，还要适当加入一些肥料。为了保持美丽，干旱季节还应保证充足的水分供应。

▷ 柔软丝兰 *Yucca filamentosa*

开花：白色，7—9月

株高：50~150厘米

这种具有观赏性的宿根植物需要有充足的空间，大多数要在3~4年后才能长出高高耸立的花序。开花之后它的大部分叶冠都会枯死。这种植物会从旁边长出的莲座底部重生，第二年开花。当它耸立于一片矮生植物之中时，其强健的皮质剑叶会格外吸引人。绵毛水苏、白婆婆纳、矮生景天、银香菊和薰衣草都是其优秀的搭配植物。

◁ 奥林匹克毛蕊花 *Verbascum olympicum*

开花：黄色，6—8月

株高：160~200厘米

这种壮观的毛蕊花会形成带有大量分枝的穗状花序，但其强壮的花茎从巨大的叶子基部中生长出来就需要2~3年的时间。种子成熟后其植株就会枯萎，但会长出大量新苗，所以不用担心除草会伤害到它。这种植物要种植在足够广阔的区域，它可以高过周围的其他植物，如果在小空间种植则会向四周伸展。适合一起搭配的植物包括蓝花莸、银香菊、凤尾蓍、春黄菊和大针茅。

优雅的带刺植物

◁ **无茎刺苞菊** *Carlina acaulis*

开花：银白色，7—9月

株高：10~30厘米

这种欧洲当地的无茎刺苞菊紧贴地面生长，其结实的叶子形成基座。对于这种扎根很深的植物，不要将其种植于高大强壮的植物下面，最好种在自然型的砾石花园中，适合搭配的植物有欧白头翁、侧金盏花和蓝羊茅。它的花序很适合做成干花，只要在其花朵完全开放时剪下，在通风阴凉处晾干即可。比起短茎品种来，它还有一个30厘米高的亚种更适合做干花。

▷ **硬叶蓝刺头** *Echinops ritro*

开花：蓝紫色，7—9月

株高：60~90厘米

很有特色的宿根植物，蓝紫色的花球对蜜蜂格外有吸引力。硬叶蓝刺头有着刺状的叶子，能形成茂密的灌木丛。当花期近结束时，叶子也没有观赏性了，就可以进行彻底的修剪。这种植物可以再次发芽，到了秋末还能看到几株开花的枝条。还有一种花葱蓝刺头'塔普罗蓝'（*Echinops bannaticus* 'Taplow Blue'）更高一些，可以大量开花，需要较为潮湿的环境。硬叶蓝刺头可以和凤尾蓍、昆明羊茅、欧洲异燕麦一起搭配组合。

◁ **地中海刺芹** *Eryngium bourgatii*

开花：钢青色，6—7月

株高：约40厘米

少有的宿根植物，它那分枝的花茎和硬挺的花序成为砾石花园中十分有用的构图元素。其灰绿色的叶子像硬刺一样，中间带有浅纹，有很高的观赏性。地中海刺芹的果序也非常迷人，可以保持很长时间，因此最好到冬末再进行修剪。适合与其一起搭配的植物有银香菊、南木蒿和针茅。还有一种紫色刺芹（*Eryngium × zabelii* 'Violetta'），花朵颜色非常鲜艳，围绕着花序装饰有苞叶。

◁ **长叶刺参** *Morina longifolia*

开花：白色、粉红色，6—8月

株高：30～70厘米

一种少有且外观美丽的宿根植物，开花细小。这种植物的叶子为深绿色，有多刺保护，形成了冬季也能常青的底座，到了夏天，上面就会长出带硬质苞片的花。它浅粉红带白色的花朵有着淡淡的香味，会吸引蝴蝶和其他昆虫光顾。不能将长叶刺参安置在特别强壮的植物旁边，最好是被矮生植物包围才能凸显出它的美观。针茅、百里香、朝雾草和果香菊都适合与其一起搭配。

▷ **大翅蓟** *Onopordum acanthium*

开花：紫红色，6—9月

株高：150～300厘米

这种壮观的装饰性蓟种植物长得可以比人还高，尽管只是二年生植物，但在第一年就可以形成基座，到了第二年就能长出强健的带有斜生分枝和灰色叶子的茎秆。这种巨大的植物特征显著，虽然它的花不很引人注目，但凭借其独特的外形就会有多种组合选择。大翅蓟整个冬季都能作为装饰品来观赏，所以要到来年春天再进行修剪。在花园中，要给它机会进行播种繁殖，在有足够空间的地方可保留其幼苗，否则最好除掉。

◁ **硕大刺芹** *Eryngium giganteum*

开花：银色，7—8月

株高：60～80厘米

一种引人注目的刺芹，拥有圆柱形的头状花序，苞叶呈银白色。这种植物在砾石花园中可以通过播种繁殖，经常会在出乎意料的位置出现，建议除掉多余的幼苗。只有在它过于泛滥时，才在花后将其茎秆剪掉。否则就要等到冬季结束时再修剪，因为这种植物冬天也能为花园美景做出贡献，特别是在霜后可以与薰衣草、景天以及其他草类植物一起构成美丽的风景。

灰叶宿根植物

◁　三脉香青　*Anaphalis triplinervis*

开花：白色，7—10月

株高：30～50厘米

　　与珠光香青（*Anaphalis margaritacea*）不同，三脉香青都是丛生的。在小花坛中种植可以防止其过度蔓延。这种植物的叶子呈灰绿色，花期很长。其具有装饰性的叶子和奶白色的花朵让它具有多样化的组合搭配，适合的植物有天蓝牛舌草、西格尔大戟、薰衣草和欧洲异燕麦。与这个品种相近的是一种更小、更紧凑的品种'夏雪'（'Sommerschnee'）。它开花较早，花期也很长，十分值得推荐。

▷　银叶艾　*Artemisia ludoviciana*

开花：不明显的黄色，7—8月

株高：50～90厘米

　　这种宿根植物以观叶为主，银色的叶子比花序更有观赏性。叶子被磨碎后，还会散发出一种刺激性的香味。在花园中安置这种强势繁殖的品种需要深思熟虑，不然很容易就会侵犯到周边植物的空间。所以银叶艾需要有足够大的空间，并且和强健的植物组合，这样种植时才不用太多养护。因此，硬叶蓝刺头、细叶大戟和强健的荆芥都是不错的选择。还有一种西北蒿（*Artemisia pontica*），生长更强健，因此在砾石花园中要谨慎使用！

◁　朝雾草　*Artemisia schmidtiana*

开花：不明显的银白色，6—7月

株高：25～30厘米

　　朝雾草因为细长的银色叶子显得优雅而低调。这种植物会形成矮矮的半球形的草丛，生长在疏松、贫瘠的土壤中会展示出它最好的一面，在肥沃的土壤中则能保持株型更加紧凑。朝雾草与其他叶型的植物相互映衬可以构成美妙的图案，适合搭配的植物有黄日光兰、心叶两节荠、西格尔大戟以及大针茅、欧洲异燕麦等草本植物。

◁ 宽萼苏 *Ballota pseudodictamnus*

开花：白色，7—8月

株高：30～40厘米

　　这是一种非常别致的观叶宿根植物，整株都覆有与众不同的银白色茸毛。它层状花序的外形要比其特殊的颜色更引人关注。这种温暖环境生长的植物只要在疏松的土壤中种植就能顺利越冬，当然最好将其种植在南墙前，这样可以保证其叶子冬天也很美丽。它灰色的叶子对于色彩强烈的花来说也是一种很好的补充。适合搭配的植物有蓝色德国鸢尾、薰衣草和银香菊。

▷ 绵叶菊 *Eriophyllum lanatum*

开花：金黄色，6—8月

株高：20～30厘米

　　这种容易满足的宿根植物给花园带来了加利福尼亚的阳光，它的迷人之处不仅在于金黄色的花朵，还包括分叉的银灰色叶子。在砾石花园中，这种植物不会受到冬季潮湿土壤的危害因而生长得更持久，只要在冬末修剪一次就足够了。它的花朵可以和滨藜叶分药花、荆芥、亚麻形成鲜明的色彩对比，而与长果月见草以及不同品种的景天在色彩上则搭配得更加和谐。

◁ 四棱大戟 *Euphorbia myrsinites*

开花：蜜黄色，5—6月

株高：15～25厘米

　　这种四季常青的植物有着与众不同的圆柱形枝条，蓝灰色的叶子围绕着极其强壮的茎秆呈螺旋形排列，到了春天茎秆上开出浅黄色的花朵。这种植物非常结实，也不会很快衰老，只要剪掉地上枯萎的枝条即可。在种植和养护大戟类植物时一定要注意始终戴上手套，因为它的乳液会刺激皮肤。适合一起搭配的植物有亚美尼亚婆婆纳、网脉鸢尾、宽叶花葱、葡萄风信子以及蓝羊茅。

多肉植物

◁ 丽晃 *Delosperma cooperi*

开花：珊瑚红色，7—10月

株高：10~15厘米

　　来自南非，富有异域风情，可长期开花。这种花可以在砾石花园中常年生长，长成后仿佛大片"地毯"一般。在寒冬存在生病的风险，因此在寒冷地区最好把它种在温暖的南墙前，以便防风。在寒冷且有日光的日子里，可以用少量的松树枝条为其基部遮阳。此外，这种植物也不宜种得太密集，以防受潮生病。适合搭配的组合有梨果仙人掌、丝兰和羽穗针茅。品种'金块'（'Golden Nugget'）开明黄色花。

▷ 玉米石 *Sedum album*

开花：白色，6—8月

株高：5~10厘米

　　该品种比较娇小，超多的嫩芽在一起会形成绿色的"地毯"。在冬天和更干旱的条件下其叶端的红色会逐渐加深。它的花是白色的，偶尔有淡淡的粉红色。这种植物可以在最贫瘠的地方生长，只要剪掉它的芽并将其种下就可以了，它会自动生根而且几乎不需要护理。适合一起栽培的植物包括其他景天属植物、露子花属植物、蓝羊茅和细葱类植物。品种'珊瑚礁'（'Coral Carpet'）生命力强，叶片颜色从褐色到珊瑚红色。品种'壁画'（'Murale'）开粉红色花。品种'黄绿'（'Chloroticum'）生长困难，呈淡绿色。

◁ 修罗团扇 *Opuntia polyacantha*

开花：黄色，6—7月

株高：20~40厘米

　　适应性非常强，是可以耐受极端干旱条件的仙人掌品种，在砾石花园中和屋檐下都可以很好地生长，在透水性好的砾石层上种植不需要做防雨保护。这种少有的多肉植物会长出扁平的圆形枝节，上面布满了刺，因此你在工作时要戴上结实的皮手套。在夏季它会开出让人惊艳的黄色大花，而有些品种如'维布克'（'Wibke'）或'水晶粉'（'Chrystal Pink'）的花则是粉红色的。仙人掌适合的"邻居"是丝兰和露子花属植物。

◁ 岩生八宝 *Sedum cauticola*

开花：紫红色，8—9月

株高：10～15厘米

观赏性植物，有着肉质、圆形、灰绿色的叶子，到了秋天就会变成紫红色，与顶上的花伞相映生辉。在砾石花园中，这种植物贴着地面生长，几乎不需要护理。与滨藜叶分药花、叶苞紫菀、洋艾和蓝羊茅一起搭配，可以构成一幅华丽的画面。品种'强健'（'Robustum'）更加结实，能够长到25厘米高；而'伯伦特·安德森'（'Bertram Anderson'）会长出紫色的叶子。另外一种阔叶景天（*Sedum spathulifolium* 'Cape Blanco'）则只有5厘米高。

▷ 多花景天'金唯森'

Sedum floriferum 'Weihenstephaner Gold'

开花：黄色，6—7月

株高：10～20厘米

这是一种开花茂盛、非常值得信赖的品种，在砾石花园中会形成漂亮的花丛。这种四季常青的植物既不耐干旱，又怕潮湿。另一个品种杂交景天'常青'（*Sedum hybridum* 'Immergrünchen'）的花色更浅、叶子更宽，同样能形成密集如毡的花丛，到了冬天则会变红。上述两个品种在砾石花园中都很容易养护，从而生长得繁茂。适合与黄日光兰、独尾草、洋艾、荆芥和欧洲异燕麦一起栽植。

◁ 红花长药八宝 *Sedum spectabile* 'Brillant'

开花：紫粉红色，8—10月

株高：40～50厘米

一种有着青绿色叶子、大型伞形花冠的美丽宿根植物。这种笔直生长的植物不仅枝芽很漂亮，开花结束后它的种穗也很迷人。你可以在冬末对其进行二次修剪。不同的品种使这种植物更加丰富多彩，比如开浅胭脂红色花的品种'卡门'（'Carmen'）和有乳白色伞状花序的变种'星尘'（'Stardust'）。它们和芨芨草、蓝麦草等高禾草是很好的组合。其他同样适合搭配的植物还有景天叶紫菀、滨藜叶分药、荆芥、绵毛水苏。

细小的花簇

▷ **高大圆果吊兰** *Anthericum liliago*

开花：白色，5—6月

株高：30~80厘米

这种德国当地的圆果吊兰以较为松散的花簇矗立于花床上。这种宿根植物较易养殖，带有香气的白色花朵和很少引人注目的线形叶子与砾石花园中几乎所有植物都能搭配。但要注意一点，就是它不能被过于强势的"邻居"所挤压，可以把它种在西北蒿或细叶大戟这类不能分株繁殖的植物旁边。圆果吊兰非常适合自然风格的花园，它还可以成为从阳光带到树荫区之间出色的过渡植物。相似的圆果吊兰（*Anthericum ramosum*）开花较晚，花序带有分枝。

◁ **荆芥叶新风轮菜** *Calamintha nepeta*

开花：白色，6—9月

株高：30~40厘米

这种新风轮的众多唇形小花可以吸引许多昆虫光顾。这种开花时间长的宿根植物不仅美丽，其暗绿色的叶子磨碎后还能散发出一种薄荷型的香味。它会播种繁殖形成许多新苗，如果不想花期过后就将其地上部分修剪掉的话，也可以栽培它的亚种（*Calamintha nepeta* subsp. *nepeta*），这种开亮白色花朵的亚种不能播种繁殖。还有一个新色彩品种'蓝云'（'Blue Cloud'）可供选择，它的花为紫色，也能形成大量新苗。

▷ **茴香** *Foeniculum vulgare*

开花：蜜黄色，6—9月

株高：80~160厘米

高耸的茴香在个矮的同伴身边形成柔和的花簇，使整个区域在视觉上交织成一个和谐的整体。你可以将它按照适合的间距分布种植在花园中。因为它们大部分为二年生，所以花开之后不必马上修剪。茴香可以自播形成新苗，从而使种族得以延续。更好的修剪时机是在2月末，这样可以保留它富有情趣的冬季景象。茴香一直以作为香料而闻名，作为花园植物却没有块根。带有蓝色叶子的品种'紫红'（'Purpureum'）具有装饰性。

▷ 圆锥石头花 *Gypsophila paniculata*

开花：白色，6—9月

株高：60～100厘米

这种植物会形成蓬松、通透的花簇，置于矮生的邻伴植物中格外优美。在花园里，这种来自草原的石头花更适合生长在通透性好的土壤中。圆锥石头花可以和砾石花园中几乎所有其他植物组合搭配。只要给它足够的生长空间，就不会受其他任何干扰。美丽的品种有开满小花的'布里斯托尔小仙女'（'Bristol Fairy'）和开浅粉红色花的'弗拉明戈'（'Flamingo'）。还有一个颜色鲜艳的杂交品种'玫瑰面纱'（'Rosenschleier'），开粉红色花，株型紧凑，只有不到50厘米高。

◁ 鞑靼驼舌草 *Goniolimon tataricum*

开花：白色，7—8月

株高：30～40厘米

这种植物夏季会开出带有芳香的花簇，它的叶座由众多大披针形叶子组成。其花枝是很美的插花装饰材料，也可以做成干花。在砾石花园中，鞑靼驼舌草可以有多种组合，只要避免与高大、强势的植物为邻即可。适合一起搭配的植物有针茅、艾蒿、毛剪秋罗和林荫鼠尾草。鞑靼驼舌草的果序冬天依然迷人，因此可以到2月底再修剪。

▷ 山桃草 *Gaura lindheimeri*

开花：白色，6—10月

株高：60～110厘米

山桃草的花簇能绽放数月之久，十分迷人。当这种植物在风中优雅地摇摆之际，白色的花瓣看上去就仿佛小小的蝴蝶一般迎风飞舞。尽管这个品种寿命不长且在寒冷地区难以越冬，但在砾石花园中，山桃草可以通过繁殖大量新苗存活下去。它四处游走，不时出现在出人意料的区域。如果它在某片区域生长得过于茂盛，可以有针对性地干预和除草。这种植物几乎和砾石花园中的所有植物都能很好地搭配。美丽的品种有开白色大花的'旋舞蝴蝶'（'Whirling Butterflies'）和开粉红色花的'锡斯基尤粉红'（'Siskiyou Pink'）。

◁ **蔓枝满天星** *Gypsophila repens*

开花：白色，5—8月

株高：10～25厘米

这种石头花枝条细小，很适合在砾石花园中栽培。经验证，它在砾石花园中不仅生长良好，而且只需要很少的养护。但要避免在其周围环境中种植强势植物，最好将蔓枝满天星安置在矮生植物的旁边，这样它那细小的花簇可以自由地生长。它适合与灰色老鹳草、亚麻、岩生肥皂草、四棱大戟以及蓝羊茅一起搭配种植，形成美妙的画面。还有两个开粉红色花朵的品种'莱奇沃思'（'Letchworth'）和'粉红之美'（'Rosa Schönheit'）也是很好的选择。

▷ **山脂胶芹** *Laserpitium siler*

开花：白色，7—8月

株高：70～110厘米

在砾石花园中，丝状的山脂胶芹非常重要。这种宿根植物来自南欧和中欧，其羽状叶子呈蓝绿色。此外，到了盛夏，它能长出令人印象深刻的伞形花序。为了使其生长得更好，需要给予它充足的空间和时间，只要你有足够的耐心，终有一天，你会为这种长寿的宿根植物兴奋不已。整个冬天山脂胶芹依然美观，只有到了春天才需要对其进行修剪。适合一起搭配的植物有血红老鹳草、毛蕊花、针茅和臭草。

◁ **阔叶补血草** *Limonium latifolium*

开花：浅紫色，6—7月

株高：50～80厘米

阔叶补血草细小的花簇很适合作为连接不同品种植物的纽带。但要注意，这种结实的植物需要足够的生长空间，它受不了太过拥挤的地方。阔叶补血草适合与朝雾草、刺芹、针茅和蓝羊茅一起搭配。它的果序一整个冬天都可以保持美丽，因此要在来年的春天再及时进行修剪。如果想要干花的话，最好在它完全褪色后剪下。

◁　**那波奈亚麻**　*Linum narbonense*
开花：浅蓝色，5—7月
株高：30~50厘米
　　这种细长且引人注目的植物来自地中海地区。它株型松散、通透，可以大量开花，天蓝色的花瓣与蓝绿色的细长叶子相得益彰。在德国有一种与它相似的宿根亚麻（*Linum perenne*），在自然花园里比其他外来品种更受欢迎。这种亚麻在合适的地方有时能播种繁殖，但很少需要除草。这两种亚麻都有多种搭配，适合的植物有黄日光兰、德国鸢尾以及金委陵菜。

▷　**紫花柳穿鱼**　*Linaria purpurea*
开花：紫红色，6—10月
株高：60~80厘米
　　这种体形纤细的植物耸立着穗状花序，紫色的花与蓝灰色的叶搭配得无比和谐。这种生命短促的宿根植物在合适的区域可以大量播种，它的幼苗几乎很少受影响，只有长到其他植物的区域时，才需要除掉。当紫花柳穿鱼松散地分布在花床并耸立于其他矮生植物之上时，整个夏天都仿佛披上了明亮的面纱。还有一个浅粉红色的品种'卡农·温特'（'Canon J.Went'）也很漂亮。适合一起搭配的植物包括山桃草、补血草、新风轮以及马其顿川续断。

◁　**柳叶马鞭草**　*Verbena bonariensis*
开花：紫色，7—10月
株高：100~140厘米
　　这是一种稀有的宿根植物，有着细长而坚韧的带着分枝的茎秆，顶端有众多单花聚集成的浓密的伞状花冠。当砾石花园中分布着越来越多的植物时，柳叶马鞭草不断地开花仿佛为花园蒙上了一层面纱。这种植物适合种植在温暖的地区，在寒冷区域则只能在5月作为一年生植物栽培。在砾石花园中，它通过播种繁殖，可以和山桃草、茴香、荽莄草一起形成壮观的景色。除此之外，柳叶马鞭草与藿香、银叶艾以及薰衣草也是很好的组合。

短暂来访的宿根植物

▷ **天蓝牛舌草** *Anchusa azurea*

开花：天蓝色，5—6月

株高：50~120厘米

很少有植物能像来自南欧的天蓝牛舌草一样，开出明亮的天蓝色的花！它只凭外表就足以赢得人们喜欢。它生长得很快，种下后的第二年就可以大量开花，给人留下深刻的印象。然而这种宿根植物的寿命又很短，很快就会消失。在合适的地区，它可以通过播种繁殖，也会产生大量幼苗，需要及时拔除。天蓝牛舌草可以和鬼罂粟、银叶艾一起搭配形成迷人的景色。'德罗普莫尔'（'Dropmore'）和'伦敦保皇党'（'London Royalist'）是它株型较高的品种，相反，'小约翰'（'Little John'）只有50厘米高。

◁ **春黄菊** *Anthemis tinctoria*

开花：黄色，6—9月

株高：60~100厘米

春黄菊种下后一年就能大量开花，令人印象深刻。它的叶子为羽状，呈暗绿色，磨碎了能闻到香味。这种短命的宿根植物若在开花后彻底修剪，可以适当延长它的生长周期。这种植物在自然风格的花园中可以大量播种。品种'沃格雷夫'（'Wargrave'）和'格拉戈之美'（'Beauty of Grallagh'）都能开出深黄色的大花，非常迷人；'荷兰蛋黄酱'（'Sauce Hollandaise'）花朵颜色为柔和的奶油黄色。适合一起栽培的植物有鼠尾草、凤尾蓍、无茎旋覆花或者薰衣草。

▷ **毛剪秋罗** *Lychnis coronaria*

开花：品红色，6—9月

株高：40~70厘米

这种植物寿命很短，从花丛基座处斜伸出许多分枝，以鲜艳的花色和灰色的叶子著称。整个夏天，新的花蕾会绽放为迷人的闪亮花朵。在花园中，它有很强的自我播种能力，因此需要一直除掉多余的新苗。这种开品红色花朵的品种极为适合与滨藜叶分药花、薰衣草、林荫鼠尾草、荆芥以及其他灰叶宿根植物一起组合。开白花的品种'白花'（'Alba'）应用也非常多样化。

▷ 南欧丹参 *Salvia sclarea*
开花：浅紫色与白色相间，6—9月
株高：80~140厘米

　　这是一种二年生植物，第一年形成基座，第二年就可以长出极其引人注目的花序。它的叶子较大，呈灰绿色。将花朵磨碎，可以闻到刺激性的味道。在砾石花园中，它能通过自我播种繁殖。哪里适合大量新苗，就可以把它种在哪里。只有当新苗生长得过多，才需要在花期结束时对花序进行修剪。它的果序在冬季依然具有观赏性，适合与薰衣草、西格尔大戟和丝兰一起搭配。

◁ 银丝毛蕊花 *Verbascum bombyciferum*
开花：黄色，7—9月
株高：120~160厘米

　　这是一种令人印象深刻的二年生植物，不仅花梗上装饰有白丝，叶子上也覆盖着银色茸毛。银丝毛蕊花第一年会形成强壮的叶丛底座，第二年就能长出笔直的花茎。在花园中，它可以通过播种繁殖。只有在空间足够大而且不会威胁到其他植物的地方，才可以保留其幼苗。当银丝毛蕊花长得过于茂盛时，可以在花后对其彻底修剪。在自然风格的花园中，非常适合栽培德国品种的密花毛蕊花（*Verbascum densiflorum*）。它长得更高一些，有着巨大的暗绿色叶子和长长的基本无分枝的圆柱形穗状花序。

▷ 胶西风芹 *Seseli gummiferum*
开花：白色，7—8月
株高：60~80厘米

　　这种植物有着壮观而巨大的伞形花序和灰绿色叶子。它茎秆强健，叶子纤细，呈分裂的羽毛状。胶西风芹大部分为二年生，但在花园里的合适区域可以通过自我播种繁殖存活。当其蔓延过甚时，可以在花期结束后对其进行修剪。冬季过后，其结构赋予的巨大外形让它更加美丽，适合与丝兰、西格尔大戟、荆芥、刺芹一起种植。

矮生地被宿根植物

◁　**小叶芒刺果**　*Acaena microphylla*
开花：奶油色，5月
株高：5～15厘米

　　小叶芒刺果的奶油色花朵其实并不显眼，倒是它红褐色的刺状果实格外引人注目，可以从夏天一直持续到秋天。这种娇小而且活力十足的宿根植物来自新西兰。它虽然低矮，却茂密得仿佛棕绿色的地毯，大约每平方米9株就足以在地面上形成一片密不透风的植被。冬天，为了防止这种常青植物受到冻伤，可以用松树枝覆盖基部来保暖。平时几乎不需要护理，只要将其栽种在透气松软的土壤中即可。小叶芒刺果在外观上非常适合与球根类的鸢尾、番红花、火把莲、矮生的银叶艾伞形花序蒿（*Artemisia umbelliformis*）、亚麻一起搭配种植。

▷　**针状绒毛卷耳**

Cerastium tomentosum var. *columnae*
开花：白色，5—6月
株高：约10厘米

　　这种卷耳属植物贴在地面如同银灰色的毯子，一到春天，就能看到不计其数的白花随风摇摆。花期过后，可以将其修剪至约原来高度的一半，这样它会生长得更加茂盛，枯萎得也会慢一些。美丽的针状绒毛卷耳可以与很多种植物一起组合种植，但要注意，不要让茎秆高的植物遮住甚至压迫到它。在砾石花园里，像羊茅、针茅、石竹、亚麻和灰色老鹳草等草本植物都是适合与针状绒毛卷耳一起搭配的"邻居"。

◁　**长果月见草**　*Oenothera macrocarpa*
开花：黄色，5—9月
株高：15～25厘米

　　因其巨大而闪耀的花瓣而引人注目！长果月见草开花时间较长，持续不断绽放的花朵会在地面形成大片花毯，特别是当它们轻轻地依附于矮墙和较大的石块上时，看上去格外壮观。它平时不需要太多照顾，在晚秋时修剪一次就足够了。适合与荆芥、鼠尾草、景天和仙人掌一起种植。还有其他花色的品种如美丽月见草（*Oenothera speciosa* 'Siskiyou'），它会开大量淡粉红色的花。与长果月见草不同的是，它通过蔓生繁殖，并且冬季比较不耐寒。

◁ **金钱半日花** *Helianthemum nummularium*

开花：黄色，5—6月

株高：10～15厘米

德国本土品种，非常适合在自然风格的砾石花园中种植。因其鲜亮的黄花和常青的绿叶而惹人喜爱。花期过后可以大幅修剪，以保持株型紧凑并防止植株过快枯萎。适合与欧白头翁、侧金盏花、亚麻和玉米石一起搭配种植，但不要和植株较高、生长强势的植物组合。杂交品种会带来更多的色彩选择，比如'星星银元'（'Sterntaler'）开金黄色的大花，'知更鸟'（'Rotkehlchen'）的花为红棕色，而'劳伦森之粉'（'Lawrenson's Pink'）开的花顾名思义是粉色的。这些品种可以与矮生的鸢尾、野生郁金香一起组合。

▷ **橙黄山柳菊** *Hieracium aurantiacum*

开花：橘色，6—8月

株高：15～25厘米

这种植物因其花色浓烈而引人注目。橙黄山柳菊即使是在石灰质或贫瘠的土壤中也能通过分株或播种繁殖而迅速扩张，因此只能将其种在被强健高大植物所占据的区域，适合与糙苏、毛蕊花、反曲景天、欧洲异燕麦等不需太多养护的植物一起种植。开黄花的绿毛山柳菊（*Hieracium pilosella* 'Niveum'）可提供另一种颜色选择，它的叶子上长有白色茸毛。红色山柳菊（*Hieracium × rubrum*）不能通过分株繁殖而快速蔓延，因此适合比较小的花园。

◁ **剑桥老鹳草** *Geranium × cantabrigiense*

开花：粉红色，5—6月

株高：20～30厘米

剑桥老鹳草是长势强健的地被植物，只需简单养护，适合种于较小的花床。这种多年生宿根植物在冬天也能形成小片绿茵。它的叶子具有芳香气味。春天能大量开花而形成盛景。剑桥老鹳草全年都可以通过强劲的根状茎而不断蔓延。当它覆盖的区域太大时，可以直接用铲子挖掘出一部分。值得推荐的品种有开紫红色花的'山区花园'（'Berggarten'）和开白色花的'圣奥拉'（'Saint Ola'），后者的花蕊呈轻微的粉红色。与剑桥老鹳草适合搭配在一起的植物有栎木银莲花、岩白菜和北葱。

▷ 岩生肥皂草 *Saponaria ocymoides*
　　开花：粉红色，5—7月
　　株高：20~40厘米
　　看起来柔弱，实际上坚强的植物，堪称
砾石花园中的珍品。这种能铺满整个地面的
植物开花极其繁茂，特别是在温暖的地区。
初期应保证其幼苗不受打扰。开花结束后要
及时短截，将它修剪到原来大小的一半，这
样可以抑制其过强地自我繁殖，并保持植被
的紧凑密集。与红缬草、地被丝石竹、血红
老鹳草和花葱一起搭配种植格外美丽。品种
'雪尖'（'Snow Tip'）开花为白色。

◁ 拟景天 *Sedum spurium*
　　开花：粉红色，6—8月
　　株高：10~20厘米
　　可靠的地被植物，几乎不需要人工护理。夏
天，拟景天就像上面铺满粉红色花朵的矮垫子。
品种'福尔达光辉'（'Fuldaglut'）长着铜色的叶
子和紫红色的花朵。同样可靠的品种还有'卓越白'
（'Album Superbum'），四季常青，茂密如毯，
只是开花性弱一些。所有品种都适合与德国鸢尾、
西格尔大戟、海薰衣草和芨芨草一起搭配种植。
品种'卓越白'（'Album Superbum'）尤其适合
与剑桥老鹳草一起种在砾石花园的过道或树旁。

▷ 大花夏枯草 *Prunella grandiflora*
　　开花：紫红蓝色，7—8月
　　株高：15~25厘米
　　德国当地植物，是自然风格砾石花园的首选。
大花夏枯草生长着圆柱形花序，花丛如地毯般覆盖
在地面上。它适合安置于较大的花床，从而有利于
其压条和幼苗生长。大花夏枯草也适合在有树木的
环境中生长，如砾石花园与相邻花园之间的过道。
品种'白花'（'Alba'）生长较弱，开白色花；'可
爱'（'Loveliness'）则开浅粉红色花。大花夏枯
草与大花银莲花、草甸鼠尾草、无茎刺苞菊、紫花
石竹和山矢草一起种植会显得格外招人喜欢。

▷ 白婆婆纳 *Veronica spicata* subsp. *incana*

开花：深蓝青色，6—7月

株高：20～30厘米

观赏性植物，初夏时笔直的花茎上长满银灰色叶子。花谢之后，修剪掉花梗可以让银色的叶子再现活力。对白婆婆纳来说，德国鸢尾、丝石竹、刺芹、欧洲异燕麦和蓝羊茅都是出色的伙伴。平卧婆婆纳（*Veronica prostrata*）为总状花序，5月开深蓝色的花，叶子为绿色。这种德国品种可用在自然花园中，适合与玉米石、紫花石竹一起搭配种植。

◁ 早花百里香 *Thymus praecox*

开花：粉紫色，5—7月

株高：5～10厘米

可以大量开花的德国品种，初夏时节能形成一片芳香馥郁的花海，到了冬天依旧绿草如茵。春天，刚开放的番红花摇曳于百里香形成的深绿色草海中，那景色美丽绝伦。早花百里香全年都可以和德国鸢尾、薰衣草、南欧丹参、蓝羊茅一起搭配组合。假毛百里香（*Thymus pseudolanuginosus*）的特征是叶子上有茸毛覆盖。同样值得推荐的品种还有'布雷辛厄姆之苗'（'Bressingham Seedling'），它能形成茂密的灰绿色草茵；品种'紫花'（'Atropurpureus'）具有绿色的叶子和鲜艳的紫红色花朵。

▷ 绵毛水苏 *Stachys byzantina*

开花：不明显的粉紫色，6—7月

株高：10～25厘米

几乎不可或缺的观叶宿根植物，叶子上覆满茸毛。绵毛水苏有一个经典品种叫'银色地毯'（'Silver Carpet'），生命力极强，可以通过大量分株形成银灰色的草毯。这个品种与众不同的是它开花不多，所以花后也就不必修剪花序。另一个品种'棉花球'（'Cotton Ball'）则截然相反，花朵茂盛。这两个品种与砾石花园中几乎所有植物都能搭配种植。它们很难被侵犯，相反，你要考虑棉毛水苏会一直扩张的问题，因此，较为敏感脆弱的植物最好不要靠近它种植。

持续开花植物

◁ 盾状蓍草 *Achillea clypeolata*

开花：黄色，6—8月

株高：40~60厘米

这种宿根植物开花茂盛，银灰色的叶子呈现出明显的小羽毛状。霜雪季节，它伞形的果序也能形成一幅迷人的画卷，所以可以在冬季结束时再进行修剪。为了使其保持活力并更好地开花，可以将3~4年生的蓍草整体连根挖出，分株后在其他位置重新栽入。品种'月光'（'Moonshine'）开淡淡的柠檬黄色花朵；'金色加冕'（*Achillea* 'Coronation Gold'）植株较高，开金黄色花，适合更厚实的营养丰富的土壤。它们都能和林荫鼠尾草、春黄菊以及昆明羊茅一起组合搭配。

▷ 红缬草 *Centranthus ruber*

开花：胭脂粉红色，5—10月

株高：50~80厘米

这种迷人的可以持续开花的花卉来自地中海地区，非常适合在砾石花园中种植。它繁殖力很强，可以在花园中保存很久。当其枝芽生长过快、过密时应适当修剪，以保持原状。当红缬草挤压其他植物的生长空间时，应提前修剪它的枝条。品种'白色'（'Albus'）开白花，比较少见，而品种'猩红'（'Coccineus'）的花为胭脂红色。

◁ 轮叶鼠尾草 *Salvia verticillata* 'Purple Rain'

开花：紫色，6—8月

株高：30~50厘米

这种宿根植物能持续开花且花期长久，紫色的花朵成漩涡状，一圈圈重叠着生长。这种花丛挺直生长的品种几乎不需要养护，只要在冬季结束时修剪一次就够了。轮叶鼠尾草适合与白背矢车菊、野生墨角兰、林荫鼠尾草、昆明羊茅一起组合。本地品种草甸鼠尾草（*Salvia pratensis*）以鲜艳的蓝紫色花朵著称，它很适合在自然型的砾石花园中种植，第一次开花之后可以进行修剪或者直接收割，之后会再次发芽。

◁ 总花荆芥 *Nepeta racemosa*
开花：蓝色，4—9月
株高：20~40厘米

这种不断开花的植物可以通过刺激性的气味来吸引猫。它在花后就可以进行彻底修剪，之后会再次发芽，直到秋天依然可供观赏。通过短截有时也可以相对限制总花荆芥强大的自我播种能力。多余的枝芽应尽早去除。品种‘杰出’（‘Superba’）长势强劲；‘白花’（‘Alba’）开白色花；‘柠檬香’（‘Odeur Citron’）是一种芳香植物，叶子能散发出令人愉悦的柠檬香味。所有这些品种都能与多种植物搭配组合。

▷ 西格尔大戟 *Euphorbia seguieriana*
开花：浅黄色，6—9月
株高：40~80厘米

这个品种以极长的花期而闻名。其围绕着花生长的苞叶即使当种子已经成熟时也会呈现出迷人的颜色。同样迷人的还有它蓝灰色的叶子和半球形的花丛。因为西格尔大戟的汁液有毒，所以冬末在对其进行修剪时一定要注意戴上手套。它可以和薰衣草、银香菊、滨藜叶分药花、荆芥、花葱以及欧洲异燕麦一起构成美丽的组合。还有一种富丽堂皇的金黄大戟（*Euphorbia polychroma*），4月就可开花，生长在土壤营养较为丰富的地区。

◁ 林荫鼠尾草 *Salvia nemorosa*
开花：紫色，5—9月
株高：40~70厘米

这种可靠的宿根植物，积极向上生长，长长的花茎上悬挂着葡萄形的花朵。第一次开花后可将其修剪掉一半，接着它会二次开花。品种‘五月之夜’（‘Mainacht’）开花尤其早，花色为深紫色；‘卡拉多纳’（‘Caradonna’）有着迷人的紫红色花茎；‘东弗里斯兰’（‘Ostfriesland’）开紫红色花；‘蓝色山丘’（‘Blauhügel’）开蓝色花；‘瓷器’（‘Porzellan’）开白色花；‘玫瑰酒’（‘Rosenwein’）开粉红色花。在营养丰富的土壤中种植有利于这种植物在春天时吸收肥料。其紫蓝色的品种可以和凤尾蓍、春黄菊形成很好的反差；红缬草、毛剪秋罗则可以和林荫鼠尾草一起构成和谐的画面。

春季花卉

▷ **蓝灰石竹** *Dianthus gratianopolitanus*
　　开花：粉红色，5—6月
　　株高：15～25厘米
　　蓝灰石竹外形美丽，青绿色的叶子，花朵带
有淡淡的芳香。花开之后可以对其进行修剪，以
保持株型紧凑。和卷耳、岩生肥皂草、灰色老鹳
草一起种植会十分漂亮。开浅紫粉红色花的品种
（'Eydangeri'）和开紫色花的品种（'Mirakel'）
都可以大量开花。常夏石竹（*Dianthus plumarius*）
则开花较晚，它的花瓣切口更多，香味令人感到愉
悦。品种'麦琪'（'Maggie'）开粉红色花，'钻石'
（'Diamant'）开白色花。

◁ **细叶大戟** *Euphorbia cyparissias*
　　开花：淡黄色，4—6月
　　株高：20～30厘米
　　丝状的叶子是细叶大戟的典型特征，到了
秋天叶子变黄，但依然装扮着植株。德国品种会
通过葡匐茎和枝苗不断向外生长。它和荆芥、银
叶艾、土耳其郁金香等在一起搭配种植的场景美
丽如画。由于细叶大戟繁衍力太强，需要将其部
分根茎小心挖出。要注意细叶大戟的汁液有毒，
工作时必须佩戴手套。细叶大戟还有一个迷人的
品种——'芬斯鲁比'（'Fens Ruby'），它的
叶子是紫色的，但到了秋天会变成橘黄色。

▷ **春侧金盏花** *Adonis vernalis*
　　开花：金黄色，3—4月
　　株高：10～25厘米
　　这种侧金盏花就像珠宝一样
美丽珍贵，在一年中很早的时候
就可以开出星状的黄花。但需要
注意的是，在花朵盛放之前，它
的生长不能受到干扰。因此要避
免强势植物种植在其身边，而且
早期要除去野草，必要时用蜗牛
诱饵颗粒来防止蜗牛为害。尽量
不要挖沟松土。

▷ 短旗鸢尾 *Iris* Pumila-gruppe

开花：紫色、蓝色、淡紫色、粉红色、白色、黄色、赭色、红褐色，4—5月

株高：15～30厘米

短旗鸢尾有着非常丰富多彩的花色品种。这种植物与德国鸢尾（见第96页）很像，但株高相对要矮一些，开花则要早一些。种植鸢尾时要注意，它强壮的根状茎会在浇水过后从土中冒出尖来。在砾石花园中，短旗鸢尾最好和矮小的植物一起组合，适合的植物有卷耳、岩生肥皂草、蓝灰石竹和蔓枝满天星。

◁ 亚美尼亚婆婆纳 *Veronica armena*

开花：天蓝色，4—5月

株高：20～30厘米

亚美尼亚婆婆纳在春天的花园里格外亮眼。这种植物生长较为松散，有着纤细如针一般的叶子。开花之后可将其枝条修剪掉1/3，以保持株型紧凑。在砾石花园中，冬季不必对其做养护。亚美尼亚婆婆纳深蓝色的花朵适合与土耳其郁金香、卷耳、四棱大戟以及屈曲花等一起搭配。粉红色的品种'玫瑰红'（'Rosea'）充实了该植物的花色。还有一种阴地婆婆纳'格鲁吉亚蓝'（*Veronica umbrosa* 'Georgian Blue'）也非常美丽，它开花较晚且花期极长，钥匙形状的叶子往往会被染成紫色。

▷ 欧白头翁 *Pulsatilla vulgaris*

开花：紫色，3—4月

株高：20～30厘米

这种植物光是蓬松多毛的枝条就令人赏心悦目，更不要说那硕大的钟形花朵，在春季格外引人注目。除此之外，它挺直生长的花茎以及美丽的羽状果序也同样迷人。这种德国本土品种十分适合安置在自然花园中，在这里，春侧金盏花和春委陵菜都是它的'好伙伴'。在其他花园中，欧白头翁可以和葡萄风信子、土耳其郁金香以及蓝羊茅搭配种植。一定要注意，只要这种植物不被其他植物侵犯，养护起来就可以不费力气。

夏季花卉

◁ **块茎马利筋** *Asclepias tuberosa*

开花：橘色，6—8月

株高：50~90厘米

这是一种花色鲜艳、亮丽的装饰植物，通过它可以搭配出许多激动人心的植物组合。在砾石花园中，这种来自北美的植物很少需要昂贵的养护就可以多年生长，但种在密度大、富有营养的土壤中往往短命。块茎马利筋的橘色伞形花序可以和林荫鼠尾草突起的蓝紫色总状花序形成强烈的对比。同样，它可以与刺芹、开橘黄色花的松果菊以及一些草类植物一起构成迷人的花园一景。

▷ **聚花风铃草** *Campanula glomerata*

开花：蓝紫色，6—7月

株高：20~60厘米

聚花风铃草有着浓密的聚伞花序，深紫蓝色的花朵伫立在枝头。这种德国品种适合在自然型的砾石花园中种植，可以通过分株繁殖形成新苗从而迅速扩展，如果想避免这样，就需要在开花过后对花序进行修剪。聚花风铃草与牛眼菊或旋覆花等黄色花卉一起搭配会形成鲜明的颜色对比，与红缬草、粉红矢车菊、紫花石竹等紫红色的宿根植物一起搭配可以构成和谐的画面。值得推荐的品种有：开深蓝紫色花的'杰出'（'Superba'）和开白色花的'雪冠'（'Schneekrone'），以及只有10厘米高的'阿库里斯'（'Acaulis'）。

◁ **紫花石竹** *Dianthus carthusianorum*

开花：枢机红色，6—8月

株高：30~40厘米

这是一种别致的德国品种，花期较长。它的花茎会在松散的草丛底座上高高耸起。在砾石花园中，紫花石竹可以不断播种繁殖，而你只需要在过于茂盛的区域有针对性地干涉一下就好。除草时应将多余的苗除掉。如果将紫花石竹一株株松散地分布在其他植物中，会形成极佳的景致，比如在百里香、常夏石竹、丝石竹和蓝羊茅等矮生植物中搭配这种石竹，到了花期就仿佛在各种植物上覆盖了一层薄薄的面纱。

◁　白背矢车菊

Centaurea hypoleuca 'John Coutts'

开花：紫粉色，6—9月

株高：40~70厘米

这种矢车菊会在茂密的叶丛中经过数周之久开出鲜艳的粉红色花冠。白背矢车菊全年都在生长，不断变大。但你不用担心要采用复杂的养护方法，只要在冬季结束时修剪一次即可。适合与德国鸢尾、红缬草、硬叶蓝刺头、聚花风铃草一起组合。美丽矢车菊（*Centaurea bella*）名副其实，长着银灰色羽状叶片和浅粉红色花朵。

▷　剑叶旋覆花　*Inula ensifolia*

开花：金黄色，7—8月

株高：30~40厘米

这种植物开着鲜艳亮丽的像雏菊一样的花朵，名字缘于那细长如剑般的叶子。剑叶旋覆花是一种适应性强的宿根植物，可以和林荫鼠尾草、荆芥或硬叶蓝刺头一起种植，从而形成明显的色彩反差。它和东方狼尾草、巨针茅一起显得格外生机勃勃。还有一种毛旋覆花（*Inula hirta*），开花较早，同样适合砾石花园。这两个品种除了在冬季结束时需要修剪以外，没有其他大量的养护工作。

◁　松果菊　*Echinacea* 'Orange Meadowbrite'

开花：橘红色，6—9月

株高：70~100厘米

这种宿根植物开花多且花期长，经证明它在透水性好的土壤比在黏性土壤中生长得更好。为了使其开花更加茂盛，可以施肥。在土壤贫瘠的地区，如果必要的话，可以施一些长效肥。松果菊棕色的果序即使到了冬季观赏性也很强，最好到2月末再对其进行修剪。这个迷人的品种适合分别与块茎马利筋、羽状针茅一起搭配组合，或者与藿香搭配形成美妙的对比。栽培品种 'Mango Meadowbrite' 花朵的颜色为鲑鱼橙。

◁ 马其顿川续断 *Knautia macedonica*

开花：艳紫红色，7—8月

株高：40～80厘米

这种别致的盛夏花卉，开着引人注目的深酒红色花朵。立于强健花梗上的头状花序轻轻摇曳，仿佛漂浮在叶丛上方。和山桃草一起种植，能构成如同点彩画一般的景象。其他适合与其搭配的植物还有轮叶鼠尾草、藿香、新风轮以及东方狼尾草。马其顿川续断在晚秋或早春时进行一次修剪就足够了。它还有一种紧密生长的品种叫'火星小矮人'（'Mars Midget'）。在自然风格的花园里，马其顿川续断这种原产于巴尔干地区的植物可以用德国开淡紫色花的'田野孀草'（'Knautia arvensis'）来代替。

▷ 黄花亚麻 *Linum flavum*

开花：金黄色，5～7月

株高：40～50厘米

这种迷人的夏季花卉，生活在德国干旱的草原上。黄花亚麻是多年生植物，可以在自然型花园中得到很好的应用，相信同样适用于其他类型的花园。黄花亚麻在种植时只需要很少的养护，在每年冬末修剪一次就足够了。它有一个优秀的品种叫密黄花亚麻（'Compactum'），只有20厘米高。不同品种的亚麻搭配就可以形成鲜明的颜色对比，比如黄花亚麻和其近亲多年生亚麻。此外，还有一些华丽的植物可以与之搭配，如黄色和浅蓝色的德国鸢尾以及圆果吊兰。

◁ 大花荆芥'昼夜' *Nepeta grandiflora* 'Dawn to Dusk'

开花：粉红色，6—7月

株高：60～100厘米

浅粉红色的唇形花朵和鲜艳紫红色的花萼形成的组合使得这个品种从大量雪青色的荆芥中脱颖而出。花期过后可以对这种植物进行一次彻底的修剪。大花荆芥适合与牛至、景天、银叶艾等一起搭配。品种'蓝色多瑙河'（Blue Danube）长势强健，有着浓密的紫红色花序；品种'布兰登'（Bramdean）有着大而鲜艳的紫蓝色花穗。如果想要防止其枝丫过密，可以选择种植其杂交品种费森杂种荆芥（*Nepta × faassenii*）。还有一种特别迷人的品种——'矮沃克'（'Walker's Low'），开鲜艳的紫色花朵，花期长且花丛密集。

◁　白花毛蕊花　*Verbascum chaixii* 'Album'
开花：白色，7—8月
株高：90～140厘米

这种植物开白色花，有着迷人的外表，深紫红色的花蕊与明亮的花瓣之间形成美丽的色彩对比。它的叶子较大，形状为心形或舌形，呈暗绿色。这种宿根植物大部分寿命较短，在花园中可以不断播种，适合与银叶艾、山桃草以及马其顿川续断一起搭配。也可以通过紫毛蕊花（*Verbascum phoeniceum*）完成这样的搭配，这个品种大部分只有60～80厘米高，圆柱形穗状花序为紫粉红色，深浅不一。这种纤细的植物同样适合在花园的小空间内种植。

▷　高山委陵菜　*Potentilla crantzii* 'Goldrausch'
开花：金黄色，5—8月
株高：10～15厘米

这种植物有着色彩明亮的花朵和手形分叉的叶子。在砾石花园里，委陵菜适合与蓝花的牛眼菊或者聚花风铃草一起种植，同样适合的还有圆果吊兰和蓝羊茅。品种直立委陵菜（*Potentilla recta* 'Warrenii'）有30～40厘米高；而早春开花的是较矮的春委陵菜（*Potentilla neumanniana*）；还有金委陵菜（*Potentilla aurea*），适合在石灰质土壤中生长，也是一个不错的选择。所有这些品种都需要在冬末对其枯叶、老叶进行修剪。

◁　卷毛婆婆纳　*Veronica austriaca* subsp. *teucrium*
开花：蓝色，5—7月
株高：20～30厘米

卷毛婆婆纳花朵色彩强烈，花茎笔直，株型较为松散。花开之后，适宜将其凋谢的花茎剪除；除此之外，到了晚秋再将其地上部分修剪一次就可以了。这种植物在自然花园里适合与圆果吊兰、半日花、金委陵菜以及针茅一起搭配成美景。品种'明蓝'（'Knallblau'）开明亮的蓝色花朵；'雪莉蓝'（'Shirley blue'）的花色则为比较浅的蓝色。这些亮蓝色的品种可以为白鲜、细叶芍药和红缬草等配色，效果显著。

晚夏与秋季花卉

▷ **麻菀** *Aster linosyris*
开花：黄色，8—9月
株高：40～50厘米

　　麻菀不仅适合栽种于自然风格的砾石花园，也同样适合其他类型的砾石花园。这种植物有着又细又薄的叶子，是一种可靠且不复杂的晚夏开花品种。在适宜的环境下，它可以通过形成新芽不断繁衍后代。为防止麻菀繁殖扩散过快，可以提前摘除它已经凋谢的花序，并除掉多余的幼芽。在花园中，麻菀与叶苞紫菀、景天叶紫菀或者西班牙刺芹在一起搭配会形成明确的对比，再补充一些臭草和芨芨草就更完美了。

◁ **景天叶紫菀** *Aster sedifolius* 'Nanus'
开花：淡紫色，8—9月
株高：20～30厘米

　　这是一种低矮、多枝且株型紧凑的宿根植物。这种植物只需在深冬对地上部分进行修剪就足以越冬。芨芨草和针茅是适合与它搭配的优秀"伴侣"。如果将景天叶紫菀与大叶醉鱼草、牛至、新风轮一起种植，就会吸引大量的蝴蝶。还有一种同样能越冬的比利牛斯紫菀（*Aster pyrenaeus* 'Lutetia'），开浅紫红色花，高60～70厘米，株型松散。

▷ **叶苞紫菀** *Aster amellus*
开花：淡紫色、紫色、粉红色、白色，8—9月
株高：30～80厘米

　　叶苞紫菀有许多冷色调的品种可供选择，如开深蓝紫色花的'紫色女王'、开粉色花的'粉红满足'以及开浅丁香蓝色花的'幸运得到'。这些品种都是大花而且要求营养丰富的土壤。种植叶苞紫菀最好在春季，如果秋天种下的话，植株生根会稍有些困难，而且易被冻伤。为了防止新芽增长，最好在开花之后对其地上部分进行修剪。适合与其搭配的植物有景天'秋之喜悦'、新风轮、芨芨草或北美小须芒草。

▷ 景天'秋之喜悦' *Sedum* 'Herbstfreude'

开花：褐红色，9—10月

株高：40~70厘米

这是一种经典的宿根植物。它长势良好，生性强健，全年都富有观赏性。在秋天，它会开出伞状的大花，直到冬天依然结实、迷人，因此，雪化之后再对其进行修剪也不迟。品种'主妇'（'Matrona'）十分别致，长着紫褐色的叶子；还有一种颜色更深的品种'紫色皇帝'，花为粉红色，叶子几乎是黑红色的。所有这些品种都适合与叶苞紫菀、刺芹、东方狼尾草等一起搭配种植。

◁ 牛至 *Origanum vulgare*

开花：粉红色，7—9月

株高：30~40厘米

德国品种，能吸引许多蝴蝶和其他昆虫。这种芳香型植物，也被称为野生墨角兰，是一种著名的香料植物。从美观的角度出发，它适合与滨藜叶分药花、叶苞紫菀、硬叶蓝刺头、臭草或狼尾草一起组合。早春时进行短截，只有在生出太多枝芽的情况下，才需要从花簇底部整丛修剪。品种光叶牛至'庄园'（*Origanum laevigatum* 'Herrenhausen'）高50~60厘米，能开出色彩十分鲜艳的花朵。

▷ 欧亚花葵 *Lavatera thuringiaca*

开花：浅粉红色，7—10月

株高：100~150厘米

这种德国当地品种开出的大花能够持续整个夏天。无论是自然型，还是其他类型的砾石花园都适合种植。但要先等两到三年，才能迎来它最美的时刻。不过这种等待是值得的，欧亚花葵无论是和各种细丝草，还是与滨藜叶分药花或山桃草都可以搭配，怎么选都不会令人失望。还有一些令人印象深刻的杂交品种，如'巴恩斯利'（'Barnsley'）或'勃艮第葡萄酒'（'Burgundy wine'），它们只能在气候温暖的地区生长良好。

适合生长在树丛中的宿根花卉

◁　牛眼菊　*Buphthalmum salicifolium*
开花：黄色，6—8月
株高：40～50厘米

亮黄色的花瓣和草绿色的细长叶子是这种德国宿根植物的特征，它还以漫长的花期而著称。在自然风格的砾石花园中，牛眼菊与圆果吊兰、聚花风铃草、大花银莲花一起形成迷人的花朵组合，在野外它们也常常"结伴"而行。这种花生长在有阳光的森林边缘，所以在花园中可把它种在树丛地带，它在花园和野外之间完全可以做到"无缝"连接。

▷　大花银莲花　*Anemone sylvestris*
开花：白色，5—6月
株高：20～30厘米

亮白色的贝壳状花瓣和深绿色的叶片形成鲜明对比，十分迷人。这种德国当地品种尽管在名字中有"野生"的含义（译者注：德文名称为"野生银莲花"），但在砾石花园中也能很好地生长，适合与圆果吊兰、牛眼菊、聚花风铃草、紫花石竹一起搭配种植，构成和谐自然的景象。大花银莲花也能够在树丛的环境中生长茂盛，因此在砾石花园中应将其种在乔木和灌木脚下。这种迷人的花也同样适合种植于其他类型的花园。

◁　蓝雪花　*Ceratostigma plumbaginoides*
开花：蓝紫色，9—10月
株高：15～25厘米

受人喜爱的宿根植物，秋季时的色彩格外绚烂，正值花期叶子就已被染成红色，和蓝紫色的花朵一起构成令人赏心悦目的景象。不久之后，叶子的颜色会继续加深，变成火红色和橘红色。虽然繁殖力强，但经过证明，这种植物也可以在小面积苗圃内种植，这样发芽会更晚一些。在植物丛中可以搭配一些小花球根植物，如条纹海葱（*Puschkinia scilloides* var. *libanotica*）和托氏番红花（*Crocus tommasinianus*），它们可以承受住竞争压力，并在蓝雪花发芽之前为花园奉上愉悦的春景。

◁　俄罗斯糙苏　*Phlomis russeliana*
　　开花：黄色，6—8月
　　株高：60～80厘米

　　全年都值得观赏的宿根植物。心形的叶片贴近地面，茂密如毡，即使冬天也能保持绿色。到了夏天，挺直的茎秆高高地耸立于叶丛之中，唇形的浅黄色花朵一层层盘旋附着于其上。它的果序可以存留整个冬天。这种竞争力强的宿根植物可以不断蔓延繁殖，适合在树丛的环境中生长，但是不能把生命力弱的植物种在它旁边。对俄罗斯糙苏来说，大花荆芥、滨藜叶分药花、银香菊和昆明羊茅（见第128页）都是很好的"伙伴"。

▷　血红老鹳草　*Geranium sanguineum*
　　开花：粉红色，5—6月
　　株高：30～50厘米

　　迷人的德国品种，不仅适合自然风格的砾石花园，在主题花园同样可以种植。栽培品种'埃尔斯贝特'（'Elsbeth'）高40厘米，展现出极强的生命力；而'稠密'（'Compactum'）却只有25厘米高。两个品种都可以开出深紫红色的花朵。变种条纹血红老鹳草（*Geranium sanguineum* var. *striatum*）能开出美丽的浅粉红色花朵。还有一个开亮白色花的品种——白花血红老鹳草（'Album'）。它和许多其他品种不同的是不会形成幼苗。到了秋天，那些开浅色花品种的叶子会变成黄色，而开深色花品种的叶子则会变成鲜艳的红色。多余的幼苗应当摘掉。

◁　肾叶老鹳草　*Geranium renardii*
　　开花：白色带紫色，5—6月
　　株高：20～30厘米

　　肾叶老鹳草有着非常美丽的花和叶作为装饰，其钝形的叶子呈灰绿色，叶面的纹路如同皱纹纸一般，白色的花瓣上划着鲜艳的紫色条纹。这种富有活力的植物会不断蔓延，但不会给花园造成麻烦。在砾石花园中，肾叶老鹳草有多种植物可以搭配，银香菊、德国鸢尾、西格尔大戟、血红老鹳草和昆明羊茅仅是其中一部分。品种'特雷·弗兰奇'（'Terre Franche'）开蓝紫色花，这种美丽的杂交品种高40厘米，不适宜种在干旱地区。

观赏草——好看又好养

为草进行授粉的不是昆虫，而是风！风可以远远地把花粉从一株植物吹送到另一株同类的身上，从而确保了整个种族的延续。为了更好地接收花粉，草类植物长成现在这样优美的外形也就不足为奇了：更加笔直的花茎上带着松散的圆锥形花序或者草穗，在丝丝微风的吹拂下来回摇摆。它们花朵的颜色看上去也很克制，一点都不显眼，因为根本没有这个必要，它们不需要用丰富的色彩去吸引昆虫。

容易相处的伙伴

观赏草的色调大多是柔和的米色、灰色或绿色，在花园中可以很轻松地和其他植物进行搭配，花园主人完全不用担心会出现不协调的色彩组合。在生命周期的支配下，开花之后，草茎的颜色就会变成稻草一样的淡黄色。到了成熟和收获的季节，就会到处呈现出一片温暖的黄色和赭石色。

观赏草之所以迷人，就在于它那瘦长的茎、叶，变幻出如绘画一般的线条。通常它们是一丛丛生长的，有着动态效果的外形，

在不同种类的植物间显得格外突出。为了更加显著地保持观赏草的这种外形特征，最好将其单株种植，分别置于较矮的搭配植物中；同时，为了整体效果更加自然协调，可以按不规则的间距将其分散在花园的各个角落。在砾石花园中，那些值得推荐的观赏草叶子大都极窄，这意味着，它们中的大部分品种都来自干旱的地区或者生活在渗透性强的土壤里，那里几乎存不住水。为了不让多余的水分蒸发掉，这些草在小小的叶面上进化：它们的叶子通常是卷起来的，而且叶面上覆盖着蜡层，仿佛上了一层蓝色的

霜。这是许多植物品种独有的一种特性，这层薄薄的蜡可以提供额外的保护，以防止水分流失。至于植物身上最大的部分——它们的根，由于埋于地下不见天日，反而不用担心。这些具有抗旱特性的草，只在刚种下时有必要浇一下水，一旦长成，也就无须浇灌了。它们是砾石花园中最易养护的成员。修剪也十分简单，大多数品种只需冬末时从接近地面的部位修剪即可。这些活儿不用在秋天做，因为经验证明，许多草整个冬天都可以保持魅力。

窈窕之美

▷ 美洲沙茅草 *Ammophila breviligulata*
开花：不明显，7—9月
株高：90～110厘米

美洲沙茅草是一种丛生植物，在砾石花园中受到普遍欢迎。它需要在疏松的土壤中生长，果序呈黄绿色。每当长长的叶子在风中柔韧地来回摇摆时，它的美丽就一览无余了。而到了冬天，草丛虽然变黄，但依然魅力不减，因此我们最好将其保留至2月底再行修剪。可以与其形成美丽组合的植物有滨藜叶分药花、鼠尾草、西格尔大戟和凤尾蓍。

◁ 北美小须芒草
Schizachyrium scoparium 'Cairo'
开花：不明显，8—9月
株高：60～90厘米

这是一种主要在秋冬季才会吸引人眼球的草。这种草密集丛生，茎秆挺立，向斜上方生长的叶子呈灰绿色。到了秋天，其叶面颜色转为橘黄至土黄色，茎秆则呈铜棕色。北美小须芒草到了冬天依然强劲，棕色草丛在霜雪映衬下尤其醒目。这个品种发芽较晚，因此春天的修剪也不是那么急迫。它可以和黑三棱、毛蕊花和景天一起组成美妙的画面。

▷ 山薹草 *Carex montana*
开花：黄色，3—5月
株高：20～30厘米

这个本地品种是丛生植物，发芽较早，雪化之后很快就能见到绿色的不显眼的花蕾。山薹草细长的叶子整个夏天都是鲜绿色的，到了秋天则会变为迷人的橘黄色。等草丛枯萎后，它的枯叶应在来年春季新芽萌发之前及时去除。山薹草非常适合自然风格的砾石花园，在花园中它可以很好地生长在灌木丛里。当山薹草与欧白头翁、春侧金盏花、聚花风铃草和大花夏枯草一起搭配时，会形成自然而美观的景致。

◁ 昆明羊茅　*Festuca mairei*

开花：灰绿色，6—7月

株高：50～100厘米

一种常绿多年生草本植物。这种来自阿特拉斯山脉的植物通过其优美的外观和优雅的茎叶赢得了大家的关注。它的叶片颜色是无光泽的灰绿色。到了秋天，叶子会被染成如同羊皮纸一样的颜色。而在冬天结束或植物刚发芽时最好对其进行修剪。为了保证幼苗生长，还要及时除草。最适合一起搭配的有绵毛水苏、荆芥或长果月见草等矮生植物。

▷ 丽色画眉草　*Eragrostis spectabilis*

开花：铜色或紫铜色，8—10月

株高：40～60厘米

令人印象深刻的叶子上装饰着迷人的花朵，形成了丽色画眉草独特的美。这种草从密集的草丛中长出浅灰绿色的叶子，有时它的叶尖会在秋天染成橘红或棕红色，我们可以看到它瘦长的穗子带着密集的花蕊在叶冠之上轻轻摇曳，美不胜收。这种植物要求不多，只要将其养在较为寒冷的地区即可。它适合与景天、林荫鼠尾草和芸香一起搭配种植。此外，还有一种弯叶画眉草（'Eragrostis curvula'），比丽色画眉草植株更高大一些，色彩也不那么强烈，它夏天需要较多水分，冬天则需保持干燥。

◁ 蓝麦草

Elymus magellanicus (syn. *Agropyron magellanicus*)

开花：不显眼的黄绿色，6—7月

株高：40～50厘米

这种原产自南美洲南部的草以其闪着金属般蓝色光泽的叶子而受到人们喜爱，它迷人的颜色会一直保持到冬季。蓝麦草会形成松散的、半球形的草丛，因为它不会四处蔓延生长，所以可以很好地安置于花园的小角落里。在砾石花园中，蓝麦草优雅的钢青色叶片与深色的岩石相得益彰。虽然在冬季气候比较温和的地区，蓝麦草是常青的，但仍然有很多棕色叶片需要修剪，因此在3月初进行一次彻底的修剪是最简单不过的了。

◁ 欧洲异燕麦 *Helictotrichon sempervirens*

开花：银灰色，7—9月

株高：40～120厘米

这种草既有美丽的高高耸立的圆锥花序，又有散发出金属光泽的蓝色叶子，为花园里增添了许多生动的线条。欧洲异燕麦在开花之后茎秆会变成淡黄色，如果你更关注它蓝色的叶子，可以对茎秆做简单的修剪。除此之外，还可以在早春时分对这种常青植物进行彻底的修剪。

欧洲异燕麦‘蓝宝石’（‘Saphirsprudel’）美丽又健壮。这种草周边的植物高度最好不要超过它，因此像多花景天、绵毛水苏、卷耳和长果月见草等植物都是合适的选择。

▷ 柳枝稷‘草原天空’

Panicum virgatum ‘Prairie Sky’

开花：青绿色，8—10月

株高：100～150厘米

柳枝稷是一种身材高挑、色彩鲜明的草原植物，它的生命力顽强，只有在漫长的干旱时期才需要额外浇水。柳枝稷的品种‘草原天空’（‘Prairie Sky’）因为闪耀着金属光泽的蓝色叶子而受到人们的欣赏。这个品种直立生长，茎秆十分牢固，但开花较晚，直到夏末或秋天才能看到它的圆锥花序，而10月份茎叶会变成麦秆黄或沙黄色。柳枝稷整个冬天都可以保持美观，到早春需要彻底修剪。适合搭配的植物有橘色松果菊、叶苞紫菀和欧亚花葵。

◁ 蓝羊茅 *Festuca glauca*

开花：灰色，6—7月

株高：15～40厘米

常绿草本植物，丛生，半球形。最佳者会呈现出引人注目的深蓝色。为了能让观赏叶长得更好，开花之后应适当修剪圆锥花序。到了春天则要剪掉灰色的叶子或者整体进行修剪。为了防止这种植物长出带有苍白灰绿色叶子的劣质幼苗，尽量只在花园中栽种同一品种的蓝羊茅。颜色特别鲜艳的品种有‘伊利亚蓝’（‘Elijah Blue’）、‘春之蓝’（‘Frühlingsblau’）和‘海之蓝’（‘Meerblau’）。适合搭配的植物组合有朝雾草、荆芥和三脉香青。

美丽的花序和果序

▷ **格兰马草** *Bouteloua gracilis*

开花：米色到栗色，7—9月

株高：20~40厘米

这种原产于北美洲平原的野外常见草，与豌豆荚一样的特殊花序水平远离茎秆。黯淡草绿色的叶子看上去比较杂乱。尽管如此，也不宜在秋天进行修剪。它的果序在冬季花园里格外吸引人，特别是在下雪之后，深色的草穗在雪地上摇曳，堪称绝美。适合一起搭配的植物有新风轮、牛至、麻菀、高山委陵菜和山桃草。

◁ **小穗臭草** *Melica ciliata*

开花：奶油色，5—6月

株高：30~50厘米

这种德国当地的草因为圆柱形的细长草穗而受到人们喜爱。到了初夏，不仅是在花园里，各处小穗臭草的浅色花序都十分引人注目。小穗臭草在气候温暖、石灰质土壤的条件下生长迅猛，因此你在除草时需要仔细考虑，生长在哪些位置的应该保留，而哪里的则应除掉。另外，在它结果前对花序进行修剪有时也是有帮助的。适合一起搭配的植物有薰衣草、滨藜叶分药花、南木蒿、岩生肥皂草和红缬草。

▷ **东方狼尾草** *Pennisetum orientale*

开花：米色中带点粉红，6—10月

株高：30~45厘米

这种迷人的草有着圆筒形的草穗，观赏期很长。它带毛的花序看起来毛茸茸的，而叶子是暗淡的灰绿色。有时，草上沾上的露水在背光处看上去仿佛闪耀的钻石。与生长在干旱的澳大利亚的狼尾草（*Pennisetum alopecuroides*）不同，这种植物在秋天的颜色没有那么漂亮。东方狼尾草平时不需要养护，只要在冬末做一次近地的修剪即可。在砾石花园中可以与其搭配种植形成优美画面的植物有景天、牛至、刺芹和圆头大花葱。

▷ 巨针茅 *Stipa gigantea*

开花：黄色，7—9月

株高：60~200厘米

巨针茅可谓是既壮观又纤细，巨大的暗绿色叶丛托起高高耸立的花序，透明感凸出的果穗与燕麦一样。到了夏末，巨针茅的茎穗被染成了迷人的金黄色，并且会这样持续整个冬天，所以一直要到2月底才能开始修剪。这种巨大的观赏草有助于划分植物区域，因此其周边不要种植其他长得高的植物。适合与其在一起搭配种植的有西格尔大戟、鼠尾草、薰衣草和百里香。

◁ 羽状针茅 *Stipa pennata*

开花：白色，6—7月

株高：30~60厘米

羽状针茅看上去既优雅又轻盈。初夏时节，细长的花序摇曳于由纤叶组成的草丛之上，花序的颖片上带有长长的、丝一样的银白色的芒。羽状针茅会在温暖干旱的位置生长发芽，可以保留其中一部分，从而形成迷人的花园一景。与它相似的品种还有华丽针茅（*Stipa pulcherrima* f. *nudicostata*），但开花会晚一些。而细茎针茅（*Nasella tenuissima*）上的芒持续时间较长，它的花序看上去毛茸茸的。这些针茅都适合与圆果吊兰、欧白头翁、圆头大花葱一起搭配种植。

▷ 芦草状针茅

Stipa calamagrostis (syn. Achnatherum calamagrostis)

开花：米黄色，7—9月

株高：50~90厘米

这种发芽较早的芦草状针茅会形成壮观的草丛。到了7月，原本银光闪闪的圆锥花序会变成米色。再过一段时间，它的茎与叶也会变成褐色，因此有了一个更形象的名字叫驼毛草。芦草状针茅发芽，需要及时将其幼苗除掉或移栽到其他合适的位置，修剪最好在2月进行。还要注意的是，这种草会占用大量空间。有一种长得更紧凑、特别强健的品种叫'蕾姆佩尔格'（'Lemperg'）。适合与其一起搭配的植物有景天'秋之喜悦'、林荫鼠尾草和牛至。

五彩缤纷的球根植物

几乎很难相信，小小的球根能长出如此大的花和叶。球根植物确实是神奇、迷人的植物。它们特别能够适应不利的自然环境条件。对砾石花园中那些源自南方或大陆性气候地区的品种来说，为了克服夏天的炎热与干旱，它们会放弃植株地面上的部分，以保持地下的根茎存活。冬天的潮湿和春天适宜的温度有利于球根植物叶子的生长和大量开花。它们也因丰富而鲜艳的色彩受到人们的喜爱。通常情况下，球根植物在大自然中都是成群生长。你也可以将球根植物大量地安置在自己的砾石花园中，因为单株种植的话，称得上好看的只有很少几个高秆品种。在合适的地方，很多品种会通过分株进行繁殖，还有少量是播种繁殖。球根植物开始时往往不需要仔细规划就可以很好地生长，但有一点是十分有必要的，就是要保证叶子自然地枯萎，而且也不能过早地修剪发黄的叶子，因为球根植物需要叶子中的养分来促使来年再次大量开花。为了遮挡不好看的叶子，可以把球根植物种在亚灌木和宿根植物之间。在它们开始发芽时最好施用矿物质肥料，有助于植株再次生长。

正确地种植

到了秋天，园艺商家会提供大量的春季开花品种。你购买后最好尽快种植，栽种时掩埋深度相当于球根直径的三倍，植株间距要松散一些，这样球根植物会生长得更自然。许多球根植物苗圃或园艺中心会提供盆装的已开花的球根植物供人购买。买这种盆装幼苗的好处是：你到了春天或早夏就可以看到盛开的花朵，同时观察它们是如何成长起来的，并可以修正。不过栽种前，别忘了在盆底覆上1～2厘米的土。秋季开花的球根植物需要在春天就在花园里种下，或者先种在盆里，到秋天再移植到地里。

高秆品种

▷ 圆头大花葱　*Allium sphaerocephalon*
　　开花：酒红色，6—7月
　　株高：40～70厘米
　　圆头大花葱的球形花序长在细茎之上，而它细长的草绿色叶子在开花之前就已经收起。你可以把更多的鳞茎按照不规则的间距种下去，再与羽状针茅、东方狼尾草、石头花、山桃草和刺芹等植物一起搭配形成有趣的组合。圆头大花葱的适应力强，发芽很少受到干扰。它还有一种适应性良好的品种——宽叶花葱（*Allium karataviense*），高度仅有20厘米，从4月底开始开花，花球为银白色。这个品种的蓝绿色舌形叶十分漂亮，能一直观赏到夏天。

◁ 紫花细茎葱　*Allium aflatunense*
　　开花：紫色，5—6月
　　株高：70～90厘米
　　漂亮的花球挺立在笔直的茎秆上是这种花葱的典型特征。品种'紫色轰动'（'Purple Sensation'）可以开出浓密的紫色花朵。与许多其他葱类植物一样，紫花细茎葱的叶子呈带状，到开花时就会发黄，因此它的叶子不是那么显眼，和宿根植物、亚灌木等一起搭配种植才会更好看。在砾石花园中，紫花细茎葱有时会长出大量枝条，但如果你花园内空间足够，可以考虑将其保留，否则，就要提前除掉。能长到50厘米高的波斯葱（*Allium christophii*）同样也很美丽，它有着巨大而松散的粉紫色花球。

▷ 巨独尾草　*Eremurus robustus*
　　开花：白色，6—7月
　　株高：200～250厘米
　　巨独尾草如同球根植物中的巨人，它有着强劲、挺直的茎秆，上面立着长长的像蜡烛一样的花序。巨独尾草的花蕾开始时是有点苍白的橙红色，之后会长成白色的星状花朵。栽种时要注意，它的鳞茎比较容易碎，你要小心地把它埋到30厘米深的土壤里。巨独尾草带状的叶子到了花期就已经变黄，为了将其遮住，可以搭配一些较矮或中等高度的植物，荆芥、林荫鼠尾草、银叶艾和块茎马利筋都是合适的选择。喜马拉雅独尾草（*Eremurus himalaicus*）开纯白色花，大约150厘米高。

▷ 剑叶独尾草　*Eremurus stenophyllus*

开花：柠檬黄色，6—7月

株高：80～110厘米

　　这种植物因其辉煌的圆柱形花冠而格外引人注目。由于它每年增加的高度有限，不会过分膨胀，所以也适合空间较小的花园。种植时，间距要大，可以通过它来划分整个园区；等它开花后，要适当地修剪花序，可以为之后的结果节省必要的能量，也有利于来年更好地开花。此外，在其发芽时适当的施肥也有助于植物更好地生长。剑叶独尾草的花朵为柠檬黄色，与蓝色的植物在一起时会形成鲜明的对比，从而产生独特的美感，因此像荆芥、地中海刺芹、亚麻等搭配植物都会是很棒的选择。

◁ 土耳其郁金香　*Tulipa turkestanica*

开花：白色带黄色，3—4月

株高：20～30厘米

　　土耳其郁金香体形娇小，每根茎秆上都会开满白色小花，但花瓣中央却是深黄色的。它不能和太过高大、强壮的植物相伴，最好是在葱类植物周边的开阔地带自由生长，或者与比较矮小的景天、亚美尼亚婆婆纳以及发芽晚的叶苞紫菀等一起种植。这种郁金香看上去虽然柔弱，繁殖起来却很快。另外，同样开花茂盛的还有矮花郁金香'小人国'（*Tulipa humilis* 'Liliput'），它也是很珍贵的品种，虽然只有10厘米高，却凭借着鲜艳的紫红色花朵受到人们的喜爱。

▷ 波斯贝母　*Fritillaria persica*

开花：蓝色，5月

株高：60～90厘米

　　波斯贝母的形象非常别致：挺直的茎秆上挂满下垂的钟形花朵。花园中，波斯贝母也因为它的花色而显得比较另类。它适合种在温暖、干燥的地方，但有趣的是，当其种在欧洲刺柏附近时，即使是雨水较多的地区依然能够生长良好，因为欧洲刺柏会吸收土壤中大量的水分。建议在它发芽时施肥，可以使用肥效长达3～4个月的缓释肥，然后任其自然地生长。适合与其搭配的植物有欧白头翁、圆果吊兰，以及像蓝羊茅、山菅草这样较矮的草种。

▷ 普通唐菖蒲 *Gladiolus communis*
　开花：粉紫色，6—7月
　株高：40~80厘米
　　野生的唐菖蒲是一种非常具有观赏性的球根植物，它的叶子如剑，总状花序上松散地开着喇叭形的小花。和其他培育种不同的是，普通唐菖蒲依旧可以在户外过冬。即使是在恶劣的条件下，你只要将其放到有所保护的地方——比如一堵挡风墙的前面就可以了。种植唐菖蒲时，你最好将球根埋到10厘米深的土壤之下，而且用干叶保护它不被严寒所冻伤，只要栽培得当，它自己就会慢慢地生长发育。适合与其一起搭配的植物包括圆果吊兰、大花银莲花、肾叶老鹳草和针茅。

◁ 布哈拉鸢尾 *Iris bucharica*
　开花：黄白色，4—5月
　株高：30~40厘米
　　布哈拉鸢尾在早春时就会给我们带来惊喜，它会开出美丽的黄白相间的花，同时浅绿色带状的叶子紧紧围绕着茎秆。这种鸢尾适合在夏、秋两季非常干旱的地区生长，因此在花园中建议种在欧洲刺柏或小松树的旁边。因为这些乔木能够吸收土壤中大量的水分，使球根植物不用忍受过于潮湿的环境。适合一起搭配的植物有葡萄风信子和欧白头翁，此外像小穗臭草和欧洲异燕麦之类的观赏草也可以作为赏心悦目的补充植物。

▷ 奥氏郁金香 *Tulipa orphanidea*
　开花：橘红色，4—5月
　株高：20~40厘米
　　这种野生的郁金香，花朵是鲜艳的橘红色，而且内部花萼处的颜色更深，十分具有观赏性。奥氏郁金香也很适合在砾石花园中种植，在这里它的叶子会自然地枯萎。这种郁金香通常几乎不需要养护，只是尽量不要把它和过于强壮、高大的植物种在一起。还有一个更漂亮的品种叫猩红郁金香（*Tulipa eichleri*），它会在4月底开出朱红色的钟形花朵，植株大约有40厘米高，是花园中极其迷人的野生郁金香品种。上面这两种郁金香都可以在适宜生长的环境下通过分株繁殖的方式自然繁衍成群。

矮生群落

◁ 欧洲银莲花 *Anemone coronaria*

开花：绯红色、白色、蓝色、紫色，3—5月

株高：10～25厘米

这种球根植物开花时的色彩非常丰富，在温和的气候条件下年初就可以开出碗形的花朵。欧洲银莲花鲜绿色的叶子也很美，直到开花之后才会完全展开。在花园中，你最好把它种在安全的位置，如挡风墙和乔木的前面，这样可以使其更加耐寒并且繁衍壮大。欧洲银莲花同样也不喜欢过于强势的"邻居"，最好能够不受打扰地自由生长。适合与其一起搭配的植物葡萄风信子等。

▷ 黄花茖葱 *Allium moly*

开花：黄色，5—6月

株高：20～30厘米

黄花茖葱有着半球状伞形花序，黄色的花朵让它显得如此特别。这个品种长着蓝绿色的宽披针形叶子，通过分株繁殖和播种繁殖的方式大量迅速繁衍。由于黄花茖葱开花之后叶子就会发黄枯萎，如果身边没有其他较高的植物陪衬，它花谢之后短时间内会不够漂亮。这种植物会把自己隐藏在灌木丛的阴影之中，从而度过旱涝等阶段。与之相关的品种还有北葱（*Allium schoenoprasum*），它以紫色的花冠同样惊艳于砾石花园。

◁ 黄番红花 *Crocus flavus*

开花：深黄色，2—4月

株高：约10厘米

黄番红花会大面积开出鲜艳的黄色花朵。这种番红花通过分株繁殖以及播种繁殖传播，分布范围较广。但这不会给花园带来太多困扰，因为黄番红花的叶丛较小而且到了初夏就会再次消失。只有少数可以快速繁殖的番红花品种才能脱颖而出，如金番红花（*Crocus chrysanthus*）。黄番红花的品种'雪鹀'（'Snowbunting'）开白色花，'奶油美人'（'Cream Beauty'）的花朵为奶油色中带有一些黄色。另外，还有一种惊艳的品种叫美丽番红花（*Crocus speciosus*），开淡紫色花。这些番红花和百里香、景天一起铺于地面，会形成赏心悦目的风景。

◁　　网脉鸢尾 *Iris reticulata*

　　开花：紫色，2—4月

　　株高：约20厘米

　　网脉鸢尾几乎是砾石花园的必选之一。花的外表反差很明显，深紫色的花瓣上布有橘黄色的斑点。细尺状的叶子在开花之后可以长到至少30厘米高。在砾石花园里，叶子可以自然地脱落。网脉鸢尾在没有强劲竞争对手的情况下，会通过分株繁殖逐渐长成小花丛。品种'和谐'（'Harmony'）开深蓝色花，'如歌'（'Cantab'）开淡蓝色花，'保琳'（'Pauline'）开紫红色花。在温暖地区，开黄色花的丹佛鸢尾（*Iris danfordiae*）值得一试。

▷　　亚美尼亚葡萄风信子 *Muscari armeniacum*

　　开花：蓝色，3—4月

　　株高：15~20厘米

　　亚美尼亚葡萄风信子开深蓝色的花，就像一串串浓密的圆锥形的葡萄倒挂在笔直的花茎上。在温暖的日子里，开放的花朵散发出熟李子的香味。这种美丽的植物通过鳞茎和种子繁殖逐渐扩大种群。它可以和欧白头翁、野生郁金香、薹草一起构成一幅美妙的画面，永远不令人厌烦。在自然花园里，某些娇小的德国本地品种如葡萄风信子（*Muscari botryoides*）更值得推荐。还有一个特别的品种'白花'（'Album'），开着美丽的白色花朵。

◁　　伞花虎眼万年青 *Ornithogalum umbellatum*

　　开花：白色，5—6月

　　株高：10~25厘米

　　相对于其他同样开花较晚的百合科植物，伞花虎眼万年青有着较为松散的白色伞状花序。它通过鳞茎和种子繁殖，在一丛丛灌木中也可以很好地生长。在砾石花园里，它会在空地上大量繁衍。它发黄枯萎的叶子不只是一个装饰品，还为其生长提供养分。当伞花虎眼万年青生长过快时，应在它开花后立即进行彻底的修剪，这样可以防止其过度集中生长。在巨根老鹳草、细叶芍药和白藓中，伞花虎眼万年青小小的花簇显得格外别致。

图书在版编目（CIP）数据

砾石花园设计 /（德）伯德·赫尔特勒著；杨钧，许可译 . — 武汉：湖北科学技术出版社，2020.9

ISBN 978-7-5706-0036-6

Ⅰ . ①砾… Ⅱ . ①伯… ②杨… ③许… Ⅲ . ①观赏园艺②花园－园林设计 Ⅳ . ① S68② TU986.2

中国版本图书馆 CIP 数据核字 (2020) 第165467号

砾石花园设计
LISHI HUAYUAN SHEJI

责任编辑：刘志敏

封面设计：胡　博

督　　印：刘春尧

出版发行：湖北科学技术出版社

地　　址：湖北省武汉市雄楚大道268号（湖北出版文化城 B 座13~14楼）

邮　　编：430070

电　　话：027-87679468

网　　址：www.hbstp.com.cn

印　　刷：武汉精一佳印刷有限公司

开　　本：889×1194　1/16

印　　张：8.75

版　　次：2021年1月第1版

印　　次：2021年1月第1次印刷

字　　数：210千字

定　　价：118.00元